家庭实用百科全书

家庭养花

大全

于学智◎主编

CTS K 湖南科学技术出版社·长沙

图书在版编目（CIP）数据

家庭养花大全 / 于学智主编. — 长沙：湖南科学技术出版社，
2024.6
ISBN 978-7-5710-2829-9

Ⅰ．①家… Ⅱ．①于… Ⅲ．①花卉－观赏园艺 Ⅳ．①S68

中国国家版本馆CIP数据核字（2024）第075852号

JIATING YANGHUA DAQUAN
家庭养花大全

主　　编：于学智
出 版 人：潘晓山
责任编辑：刘　英
出版发行：湖南科学技术出版社
社　　址：长沙市芙蓉中路一段416号泊富国际金融中心
网　　址：http://www.hnstp.com
湖南科学技术出版社天猫旗舰店网址：
　　　　　http://hnkjcbs.tmall.com
邮购联系：0731-84375808
印　　刷：济宁华兴印务有限责任公司
　　　　　（印装质量问题请直接与本厂联系）
厂　　址：济宁高新区黄屯立交桥西327国道南华兴工业园1楼
邮　　编：272106
版　　次：2024年6月第1版
印　　次：2024年6月第1次印刷
开　　本：710mm×1000mm　1/16
印　　张：16
字　　数：244千字
书　　号：ISBN 978-7-5710-2829-9
定　　价：68.00元

前言

　　花卉是大自然赋予人类的一种有生命、有情趣的精美艺术品，是最美丽的自然产物。花卉以其艳丽的色彩、多变的造型、诱人的清香和怡然的风韵，给人以美的享受。

　　花卉的概念有狭义和广义之分。狭义的花卉是指具有观赏价值的草本植物；广义的花卉不仅包括具有观赏价值的草本植物，还包括地被植物、花灌木、开花乔木等等。花卉作为绿化和美化环境的重要部分，在人们生活中的作用越来越受重视。花卉尤其是草本花卉，繁殖系数高，生长快，花色艳丽，装饰效果强，还可用来布置花坛、花境、花丛、花台等。

　　养花是广大群众比较喜爱的一种家庭休闲活动，不仅可以改善人们的生活环境，还能增添生活情趣，陶冶情操，从而提高生活质量，促进身心健康。闲暇之时，养花种草，美化自己的居室和庭院，已成为现代人生活中不可缺少的内容。现代人的生活节奏快，工作压力大，这很容易造成人们的身心疲惫，而养花是缓解和调节情绪的最好办法之一。因此，美化我们的生活环境、营造绿色的优美环境已成为提高生活质量的迫切要求。由此，家庭养花的爱好者越来越多，都渴望有一本养花的技术资料。为了满足广大家庭养花爱好者的需求，我们精心编写了本书。

本书对花卉的基本常识、日常管理、种植技巧等进行了科学、全面、系统地阐述，通俗易懂。可为你的养花活动排忧解难，让你在枝繁叶茂、花香色艳的优美环境中舒心地生活。

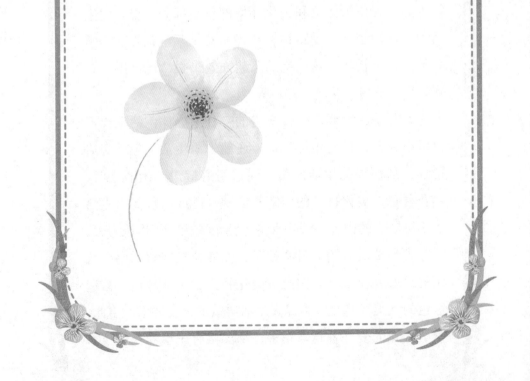

第三章　花卉的日常管理

第四章　花卉的四季养护

第五章 各类花卉的种植技巧

第六章 古人的花卉情怀

第七章　家庭插花

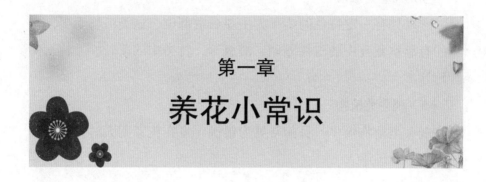

第一章

养花小常识

花卉的分类

按观赏要求分类

花卉植物依观赏部位主要可分为观花类植物、观果类植物、观叶类植物、观茎类植物、观芽类植物等几类。

（1）观花类植物

主要观赏其花朵，它是花卉植物中的一个重要类别。如美人蕉、大丽花、菊花、杜鹃花、山茶、月季、牡丹、茉莉、梅花以及大部分一二年生和多年生草花等。

（2）观果类植物

以果实色彩鲜艳、挂果时间长为佳，如南天竹、冬珊瑚、四季橘、佛手、朝天椒、金银茄等。

（3）观叶类植物

这类植物特别适宜室内绿化装饰

粉美人蕉

布置，观赏期不受季节限制，而且种类也相当多。小型的如文竹、箬竹、彩叶凤梨、龟背竹、冷水花、富贵竹等；大型的有棕竹、蒲葵、散尾葵、橡皮树、发财树等。

（4）观茎类植物

它以具有一定特色的茎干为主要观赏部位，这类植物不多，常见的有温室花卉中的玉树珊瑚、海葱等，竹类中的紫竹、方竹、佛肚竹等。

（5）观芽类植物

观芽类植物极少，目前常见为银柳，可在花芽肥大时，观赏其肥大银色的花芽。

（6）其他

如形态奇异、茎叶肥厚的仙人掌类和多肉植物。

按植株性质分类

根据植株性质，花卉通常可以分为木本花卉、草本花卉和水生花卉。

（1）木本花卉

指茎部木质化的观赏植物，它既可盆栽又可地栽。盆栽花木如山茶、杜鹃花、茉莉等，栽培管理上要求精细。以观花兼作庭园布置的如桃、梅、海棠、月季、丁香、玉兰、紫荆等，管理上比较粗放。

（2）草本花卉

其茎部为草质。按其生育期可分为一二年生和多年生草花。一二年生草本花卉是指整个植株寿命在二年之内结束或跨年度历时两年结束。一年生草本花卉就是春季播种，当年开花

杜鹃花

结实，秋冬死亡，如百日菊、鸡冠花、凤仙花等。二年生草本花卉是秋季播种，到第二年春天开花结实后死亡，如羽衣甘蓝、三色堇、金盏菊、石竹等。

多年生草本花卉也叫宿根花卉，它有永久性的地下部分，在当年植株开花以后，地上部分有的当年死亡而根部不死，第二年春天从根部重新萌发生长，如菊花、芍药、非洲菊等。有的地上部分保持终年常绿，如兰花、麦冬草等。

兰花

在多年生草花中，有些种类具有肥大的地下部分，如球茎、块根、块茎、鳞茎等，富含养分的变态茎或变态根，统称为球根花卉。这类花卉有水仙、百合、美人蕉、大丽花、大岩桐、仙客来、郁金香、风信子等。

（3）水生花卉

终年生长在水中的花卉称作水生花卉，主要有荷花、睡莲、凤眼兰等。这类水生植物，既可观花也可观叶，同时它还具有改善水面环境的功能。

按光照要求分类

花卉的生长发育对光照有两方面的要求，即光照的强度和时长。

各种植物由于原产地不同，它们对光照强度的要求也不一样，由此可分为阳性花卉、阴性花卉和中性花卉等。

（1）阳性花卉

喜光不耐阴，在充足光照条件下才能生长良好。桃、梅、月季、石榴、海棠、茉莉、米兰、菊花、扶桑、美人蕉、一品红以及大多数一二年生花卉均属此类。这些花卉若光照不足，会造成枝叶徒长，叶色发黄变淡，植株生长不良。

（2）阴性花卉

适应于光照不足或散射光条件下生长。这类花卉长期生长于庇阴条件下，在强光下会使叶片发黄、枯萎，如兰花、文竹、吊兰、龟背竹、旱伞草、玉簪花等。有些花卉要求遮阳面积达80%，不能接受强烈光照，如蕨类及兰科植物，称为强阴性花卉。

桂花

（3）中性花卉

指在光照比较充足或微阴的条件下均能生长良好的花卉，如桂花、蜡梅、樱花、鸢尾、萱草、南天竹、绣球花等。

按光照时间分类

花卉的开花习性和光照的时间有关。一天24小时中的光照长短，随季节的变化而不同。光照期长的昼夜叫长日照，光照期短的昼夜叫短日照，这种白天和黑夜的相对长度称光周期。光周期影响着植物的开花，植物开花需要的日照时间是不同的，按此可分为以下3种类型：

（1）长日照花卉

茉莉

指每天需12小时以上光照才能开花的花卉植物。该类型均为夏季开花的花卉，如茉莉、石榴、米兰、荷花、扶桑、凤仙花、晚香玉等。

（2）短日照花卉

指每天少于12小时日照才能开花的花卉植物。多为秋冬季开花的花卉，如菊花、一品红、蟹爪兰、一串红等。

（3）中日照花卉

这类花卉对日照时间的长短要求不严格，不论长日照和短日照条件，只要温度合适，一年四季均能开花，如康乃馨、天竺葵、马蹄莲等。

按温度要求分类

花卉植物按其对温度的适应性可分为露地花卉和温室花卉。

（1）露地花卉

露地花卉指可以在露地进行繁殖和栽培的花卉，它们对气候的适应性较广。其中有些花卉植物耐寒性强，冬季能露地过冬，至春季开花，如雏菊、石竹、三色堇等草花和月季、玫瑰等灌木。有些花卉植物秋季播种发芽，越冬时需稍加防寒，如花葵、福禄考等。还有些一年生花卉植物虽然不耐寒，但它们春季播种，当年夏秋季即开花结实，在冬季到来前已枯死，如鸡冠花、凤仙花、一串红等，这类花卉也能露地栽培。

鸡冠花

（2）温室花卉

这类花卉多数是喜温花卉，大部分原产于热带、亚热带，故在大部分地区栽培必须有温室设备满足其对冬季温度的要求，才能正常生长。

温室栽培的种类随地区不同而变化，在福建、广东露地栽培生长的花卉，如白兰花、米兰、海棠类，在上海因不耐寒就需要温室栽培；在上海地区能露地栽培的金盏菊、花菱草、金鱼草等，到北京地区就需要在温室过冬。

温室花卉中，不同种类的花卉对温度要求也不相同，一些原产热带的喜温花卉，冬季要求温室内温度达 12℃以上才能安全过冬，称高温温室花卉，如变叶木、鸡蛋花等。原产亚热带的花卉，温室内维持 8℃以上就可以过冬，这类花卉称作中温温室花卉，如蒲包花、大岩桐、米兰、仙客来等。原产亚热带北缘的一些花卉，室内维持 5℃以上就可以过冬，如瓜叶菊、天竺葵、樱草花等，称作低温温室花卉。而铁树、棕竹、蒲葵等观叶植物，只需在 0℃的普通温室内即能过冬，称作冷室花卉。

按水分要求分类

各种花卉因其原产地的生态条件不同，对水分的需求有很大差异，可以分为以下 4 种：

（1）旱生花卉

能耐受干旱条件的花卉。这类花卉多数原产于沙漠及半荒漠地区，由于经常性或季节性的水分不足，使这类植物的叶变成针刺或柔毛状，表皮层增厚，根系发达，多浆的茎叶贮藏大量水分，在较干旱的情况下，仍能较好地生长。如仙人掌类、石莲花、落地生根、龙舌兰、令箭荷花、昙花、蟹爪兰等。这类花卉不耐涝，过多的水分易引起烂根或烂茎甚至死亡。

（2）中性花卉

也称润土花卉。生长期要求适度的水分，介于旱生和湿生花卉之间，大部分花卉均属此类。过干、过湿均对其生长不利，如米兰、茉莉、杜鹃、茶花、苏铁及大部分露地花卉。

（3）湿生花卉

这类花卉的生长过程需要比较多的水分，要求保持较高的土壤湿度及空气湿度。它们多数原产于较潮湿环境及热带雨林以及湖泊、溪流、河川等水流附近地带。植株形态多数叶大质薄、柔软，如广

东万年青、马蹄莲、海芋、龟背竹、水
仙、旱伞草以及蕨类和鸭跖草科植物。

（4）水生花卉

长期生长于水中的花卉，如荷花、
睡莲等。它们的根或地下茎能耐氧气不
足，不耐旱。栽培于水池、溪边、池
塘、水缸及庭院内。

龟背竹

按经济用途分类

（1）观赏类花卉

以观赏花卉个体或群体的色、香、
姿、韵为主，分如下几类：

1）花坛花卉。

以露地草花为主的花卉成片种植
构成一定图案，如半枝莲、一串红、雏
菊、金盏菊、三色堇、鸡冠花、万寿
菊等。

雏菊

2）盆栽花卉。

以盆栽观赏为主，用以装饰室内或庭院、阳台，如菊花、仙客
来、天竺葵、君子兰、瓜叶菊、兰花等。

3）切花花卉。

以生产切花为主的花卉，如玫瑰、
菊花、唐菖蒲、百合、香石竹、非洲
菊、马蹄莲、满天星等。

4）庭园花卉。

以地栽布置庭院为主的花卉，如迎
春、芍药、牡丹、月季、紫薇、海棠、

芍药

连翘、榆叶梅等。

栀子花

（2）香料类花卉

花卉在香料工业占有重要地位。如白兰、代代、栀子、茉莉等都是重要的香料植物，既是制作花香型化妆品的高级香料，又可熏茶。墨红月季的鲜花可提取浸膏。从玫瑰花瓣中提取的玫瑰油，在国际市场上售价比黄金还要高。

（3）药用类花卉

自古以来花卉就是我国中草药的一个重要组成部分。李时珍的《本草纲目》记载了近千种草花及木本花卉的性味功能及临床药效。《中国中草药汇编》一书中所列的2200多种药物中，以花器入药的约占1/3。芍药、牡丹、木槿、金银花、连翘、杜鹃、菊花、凤仙花、鸡冠花、荷花等均为常用中药材。

（4）膳食类花卉

许多花卉的植物体和花均可入肴，如百合的鳞茎，荷花的根茎（藕）、果实（莲子），菊花，桂花，梅花，白玉兰等花的花瓣。此外，花粉食品方兴未艾。

（5）环境保护类花卉

科学实验证明，许多花卉具有吸收有害气体、净化环境的作用。如夹竹桃、扶桑、唐菖蒲、大丽花对二氧化硫、氯气抗性强，黄杨、棕榈、牵牛花、天竺葵等对氟化氢抗性强。

有些花卉对有害气体具有敏感性，可用来对空气污染情况进行监测。如

夹竹桃

波斯菊、百日菊等对二氧化硫敏感；唐菖蒲、萱草等对氟化氢敏感；丁香、藿香蓟等对臭氧敏感。

按自然分布分类

按自然分布分类，可分为以下6类：

（1）热带花卉

如热带兰、变叶木等。

（2）温带花卉

如菊花、牡丹、芍药等。

（3）寒带花卉

如龙胆、雪莲、绿绒蒿等。

（4）沙漠花卉

如霸王鞭、仙人掌、仙人球等。

（5）水生花卉

如荷花、睡莲、杏菜等。

（6）岩生花卉

如白头翁、垂盆草、射干等。

荷花

花卉的结构

花的结构一般都由花梗、花托、花萼、花冠、雄蕊和雌蕊6个部分组成，其中花萼、花冠、雄蕊、雌蕊齐全的花称完全花，如梅花、山茶、仙客来等；缺少其中任何一部分的花称不完全花，如白兰花、米兰、百合等。花萼和花冠合称花被。有些植物的花只有一轮花被，称为单被花，这种花观赏价值低；有些植物的花萼和花冠长成内外两轮或多轮，称为重瓣花，这种花比较美观，观赏价值较高。有的花只有雄蕊而没有雌蕊，称为雄花；有的花只有雌蕊而没有雄蕊，称为雌花；一朵花中同时具有雄蕊和雌蕊的，称为两性花。雌雄花生在同一植株上的叫作雌雄同株。雌雄花分生在不同植株上的叫作雌雄异株。

（1）花梗

又称花柄，是茎和花朵的联结部分，起支撑花朵并为花朵输送养分的作用。花梗的长短因植物种类的不同而异，如倒挂金钟、垂丝海棠的花梗很长，而风信子、茶花的花梗则很短。

（2）花托

花梗顶端花药、花丝、花瓣、花萼、胚株膨大的部分叫花托。

垂丝海棠

花的其他部分（花萼、花冠、雄蕊、雌蕊）依次由外至内呈轮状排列着生于花托上。花托的形状因植物种类不同而异，有伸长呈圆锥形的，如玉兰；有中央部分凹陷呈杯状或壶状的，如蔷薇、梅花；有呈倒圆锥状的，如荷花。

（3）花萼

花萼由若干萼片组成，包在花的最外层，通常为绿色，但也有一些植物的花萼具有鲜艳的颜色。萼片下端联结的部分称萼筒。

（4）花冠

花冠位于花萼内部，由若干花瓣组成。花瓣的形状千姿百态，常有各种艳丽的颜色，是花的主要观赏部分。有些植物的花瓣是分

牵牛花

离的称为离瓣花，如梅花、牡丹等；有些植物的花瓣从基部向上或多或少连接称为合瓣花，如牵牛、杜鹃、扶桑等。

（5）雄蕊

雄蕊位于花冠内部，雌蕊周围；雄蕊由花丝和花药两部分组成，花丝细长呈柄状，起支持花药的作用；花药呈囊状或两唇状，着生在花丝的顶端，是形成花粉粒的地方。

（6）雌蕊

雌蕊位于花的中央部分，由柱头、花柱和子房三部分组成。柱头在雌蕊的先端，是接受花粉的部位。多数柱头能分泌黏液，具有黏着花粉粒和促进花粉粒萌发的作用。柱头与子房之间的部分叫作花柱，是花粉进入子房的通路。子房是雌蕊基部膨大呈囊状的部分，由子房壁、胎座和胚珠组成，是雌蕊的主要部分。子房内生有一个或多个胚珠，当花粉粒落在柱头上之后，萌发产生花粉管并伸入雌蕊的柱头，通过花柱将雄性生殖细胞送入子房的胚珠内，并和胚珠内的卵细胞相结合产生结合子，再由结合子继续发育而形成种子。

11

❀ 花卉为什么具有五彩缤纷的颜色

花瓣万紫千红，绚丽多彩，这是因为在花瓣细胞液里含有花青素和类胡萝卜素等物质的缘故。

花青素是水溶性物质，分布于细胞液中，这类色素的颜色随细胞液的酸碱度变化而变化。有这样一个小试验：把一朵红色的牵牛花泡在碱性的肥皂水中，它的颜色很快变成了蓝色；再把这朵变成蓝色的牵牛花泡在醋里，它又变成红色了。由此可见，花青素在碱性溶液中呈蓝色，在酸性溶液中呈红色，而在中性溶液中则呈紫色。因此，凡是含有大量花青素的花瓣其颜色都在红、蓝、

五颜六色的绣球花

紫三色之间变化着，这主要取决于不同植物细胞液的酸碱度。

在黄色、橙黄色、橙红色的花里含有一种色素叫类胡萝卜素。类胡萝卜素有 80 余种，是脂溶物质，分布在细胞内的染色体内，这就导致了颜色上的差别。如黄玫瑰含有类胡萝卜素，则显出黄色；金盏花含有另一种类胡萝卜素，使花瓣变成橘黄色；郁金香花中的类胡萝卜素，则使花瓣显现出美丽的橘红色。植物细胞中含黄酮色素或黄色油滴的也能使花瓣呈现黄色。细胞液中含有大量叶绿素的则呈绿色。

白色的马蹄莲

白色的花儿是因为细胞中不含任何色素，花瓣细胞间隙藏着许多由空气组成的微小气泡，它能把光线全部反射出来，所以花呈白色。

复色的花儿是由于含有不同种类的色素，它们在花儿上出现的部位不同，花瓣由各种含色素不同的细胞镶嵌而成，因此，在一朵花上呈现出多种颜色，使其格外绚丽多彩。

人们常见的一些花卉从开花到衰败，花色不断变化，如牵牛花初开时为红色，快败时变成紫色；杏花含苞时是红色，开放时逐渐变淡，最后近白色。这些变化都和花瓣中细胞液的酸碱度及温度的变化有关。

自然界中哪种颜色的花最多呢？据资料介绍，白色花最多，依次是黄、红、蓝、紫、绿、橙和茶色的花。而黑色花最为稀少，其原因是在生物进化过程中自然选择的结果。因为白、黄、红色的花在绿叶衬托下很醒目，易被昆虫所辨认，蜜蜂对白、黄两色最敏感，蝴蝶善于分辨红

蝴蝶戏花

色，所以在自然选择中，白、黄、红色的花就变多了。黑色花稀少的原因是黑色能吸收光波，易受光波照射的伤害，因此被自然界逐渐淘汰。

花卉为什么会散发香味

有些花卉之所以会散发出香气是因为花瓣里含有油细胞，这种油细胞能分泌出各种芳香油类物质，这种芳香物质叫作精油，有挥发性。当精油分子挥发出来时人们就会闻到香气。由于不同香花花瓣里所含精油的化学成分不同，所以不同种类的花散发出

玫瑰花精油

的香气也不同。如白兰、茉莉香气浓郁；兰花、栀子清香四溢；玫瑰、桂花香气浓烈；米兰、晚香玉香气浑厚；蜡梅、水仙香气淡雅；含笑、夜合甜香远溢。不同的芳香对人会引起不同的反应，同一种花香对不同的人其感受也不一样，有的起兴奋作用，有的却会引起反感。

人们所闻到的香气常常是由多种具有香气的化合物组成的。例如茉莉花的香气是由80多种化合物组成的；玫瑰花的香气由280多种化合物组成的。在香料生产中，常将不同香花散发出的不同香气确定为各种香型，如白兰香型、茉莉香型、栀子香型、玫瑰香型等，并把不同香型的花瓣加工提炼出不同类型的香料，用于化妆品和食品工业。

白色的玫瑰花

在众多的开花植物中，哪种花色中香花最多呢？有人对 4000 多种不同颜色的花进行鉴别，在 1265 种白色花中，香花占 20%；在 922 种红花中，香花占 17%；在 954 种黄花中，香花占 14%；在 600 种蓝花中，香花占 9%；在 309 种紫花中，香花占 13%。从上述统计结果可以看出，白色花中香花所占比重最大，其次是红色、黄色，而蓝色花中香花最少。

如何从市场上选购花卉

各式各样的花苗

从市场上选购花苗，主要应注意花卉质量的优劣和品种的真假。

缺乏养花经验的初学养花者，最好不要买花卉小苗和落叶苗木。因为一不易养活，二容易上当，买回来假品种。在选购观叶植物时，要挑选株形端正，叶色浓绿繁茂，有光泽，叶片没有黄斑、病斑的植株，同时还要看长势是否旺盛，有没有徒长枝和秃脚等。选购盆栽花卉，以购上盆时间较长的盆花为好。上盆不久的花卉，根系因受到损伤，容易受到细菌的侵入，如果养护不当，会影响花卉的生长和成活。

在市场上出售的花卉，常有以次充好、以假当真的现象，因此购买时要特别注意。有的卖花人把断枝和无根苗木当作盆花出售；有的人把南方的常绿树苗当作名花出售；有的人把野生兰草当作兰花出售。

为了运输方便，花商从外地买进的花木，多不带土球或土球很小。若

橡皮树盆栽

买带土球的花卉，要注意土球是否过小，是不是泥土包的假土球。一般随花带的土球土壤不太板结，土内的根系发达，有幼嫩根，这样的花卉才能购买。若发现土球松散，花卉根部发黑，须根少，这样的花苗栽下后很难成活，千万不要买。在买常绿花木如橡皮树、白兰、含笑、米兰、五针松等时，一定要带土球，否则买回去也很难成活。凡不带土球的花木，一般都是落叶花卉。买时要挑选裸根根系好、须根多、颜色呈浅黄色的，最好不要带叶或带花蕾的，因为已发叶或形成花的植株栽种后并不容易成活。

初学养花者开始养什么花合适

随着人们生活水平的不断提高，养花已成为人们日常生活中一个不可缺少的组成部分。在家里或办公室摆上几盆青枝绿叶，花朵绚丽的盆花，能使人赏心悦目，情趣盎然。人们利用余暇养花种草，美化环境，陶冶情操。可以说，养花作为一种时尚正在流行。

办公室场景里的花卉

那么，对于初学养花者来说，养什么样的花合适呢？这是家庭养花必须首先解决的问题。我们常看到，很多初学养花的人，总是"有心栽花花不开"，这是什么原因呢？原因就在于他们还没有掌握养花的基本常识和花木的习性，更谈不上养花经验。他们很想多养花，养好花，但又不得其法，甚至急于求成。他们不是浇水过多把花苗淹死，就是施肥过量把花苗烧死。所以，在开始

阳光充足的室内

养花之前，要多学习一点养花知识，包括各种不同的花卉品种、习性、特性及其培育的方法，然后，用科学的方法去加以实践，要在实践中总结经验，吸取教训。

名目繁多的各类花木，其习性千差万别。有的喜温畏寒，有的喜阳忌阴，有的则喜阴忌阳，有的耐旱忌湿，有的则喜欢较大的空气湿度。因此，初学养花者在选择养什么花时，应从以下几个方面考虑：

1）居住环境：要看居住环境的光照条件、温度等能否满足其生长要求，这是家庭养花的先决条件。

2）因地制宜：要掌握因地制宜的原则，选择一些能适应当地土质和气候条件的种类及品种。

3）品种选择：选择易成活、不需特殊管理、植株常绿、易开花的品种。选择能净化室内空气、对人体无害的种类。选择占地面积小、又能收到良好美化装饰效果的品种。

在考虑了上述因素后，如果你想美化庭院，且环境光照条件充足的话，可选择月季、菊花、茉莉、石榴、四季桂、南天竹、葡萄等，这样可以做到四季见花或见果，具有较高的观赏价值。如果光照条件较差的话，应选择耐阴或者既喜阳又耐阴的花木，如玉簪、一叶兰、万年青、八仙花、常春藤、吊兰、龟背竹、蕨类植物等。这类花木，可供赏花的虽不多，但其绿叶葱郁，别具特色。

在阳台上种植花卉，应根据阳台的朝向选择适宜的品种。朝南或西向的可选择月季、扶桑、天竺葵、茉莉、长春花、牵牛花、半枝莲等喜阳花卉；朝阴向的可选择四季秋海棠、文竹、吊兰、花叶芋、冷水花等耐阴花卉。

假如需要净化室内夜间空气，应选择多浆植物，如仙人掌、仙人球、山影拳、蟹爪兰等，这些植物夜间能吸收二氧化碳，放出氧气，且耐干旱，四季常青，但不耐寒。夏季避免烈日暴晒，冬季保暖防寒，盆土保持偏干一些，均可正常生长。

假如室内空间较小，可选择小型盆花及悬垂植物，如文竹、仙客来、微型月季、非洲紫罗兰、条纹十二卷、虎耳草、吊竹梅、绿萝等，既美化了家庭环境，又不占用过多的空间面积。这些植物养护起来也比较容易。

悬垂植物绿萝

❀哪些花卉可以清除室内有害气体

家庭室内种植一些花卉，确实可以起到"空气过滤器"的作用，清除有害气体，有利于身体健康。

1）仙人掌：它的肉茎气孔在夜间会呈现张开状态，能释放出氧气，并吸收空气中对人体有害的气体，起到净化空气的作用。

2）月季：能吸收空气中的乙醚、苯、硫化氢等有害气体。

3）吊兰：叶子会将空气中的一氧化碳等有害气体"吃"掉，其效果甚至超过空气过滤器。

吊兰

4）紫罗兰：能分泌出一种植物杀菌素，可在较短的时间内把空气中对人体有害的病菌杀死。

5）山茶花：抗御二氧化硫、氯化氢、氯气、氟化氢等有毒气体。

6）米兰：能吸收大气中的二氧化硫和氯气。

梅花

17

7）桂花：对化学烟雾有特殊的抵抗能力。

8）梅花：对环境中的二氧化硫、氟化氢、硫化氢、乙烯、苯、醛等的污染，都有监测能力。

哪些花卉对人体有毒害作用

养花不但可以供观赏之用，还可以陶冶情操，但是有些种类的花卉对人体有毒害作用，在日常生活中要注意，防止鲜花施展"美人计"。常见有毒或有害的花卉有如下几种：

虞美人

郁金香

1）虞美人：全株有毒，内含有毒生物碱，果实毒性最大，误食会导致中枢神经中毒，甚至死亡。

2）海芋：茎叶中的汁液有毒，谨防误入口中或眼中，否则会引起呕吐等症状。

3）郁金香：花中含有一定的毒碱，在花丛中待上2小时，会使人头昏脑涨，严重者会导致毛发脱落。

4）夹竹桃：花、叶、茎均有毒，应防止儿童误食。

5）杜鹃花：黄色花中含有毒物质，误食后会导致呕吐、呼吸困难、四肢麻木等。

6）一品红：全株有毒，其乳白色汁液污染皮肤后，会引起皮肤红肿等过敏反应，误食茎叶会引起休克。

7）五色梅：花叶有毒，误食会引起腹泻、发热。

8）文殊兰：全株有毒，其鳞茎汁液毒性最大。

9）龙舌兰：叶片汁液有毒，接触皮肤后会有灼热感，刺激皮肤。

10）夜来香：夜间停止光合作用后大量排出废气，长期摆放于卧室或不透气的客厅，会使人头昏、咳嗽，甚至失眠和哮喘。

11）水仙花：鳞茎内含有打丁可毒素，误食会引起呕吐和腹泻，叶和花的汁液也会造成危害，使皮肤红肿，误入眼中会导致失明。

水仙花

12）绿珊瑚：茎秆折断后流出的汁液能使皮肤红肿，误入眼中会导致失明。

13）花叶万年青：叶片和茎部的汁液有毒，会导致皮肤发炎，误食会引起舌头肿胀而导致暂时性失声。

14）仙人掌类植物：刺内含有毒汁，被刺后会引起皮肤红肿、刺痛和瘙痒等过敏症状。

15）白花曼陀罗：汁液有毒，果实剧毒，建议家庭不要养植。

仙人掌

16）其他：如龟背竹、虎刺梅、珊瑚花、麒麟刺、石蒜、黄花夹竹桃等花卉对人体有毒；铁海棠、鸢尾、红背桂、变叶木等有致癌的作用。

以上花卉对人体或多或少有一些危害作用，但只要不随意摘采，或不将花果给儿童玩耍，防止入口入眼，一般不会引起中毒。

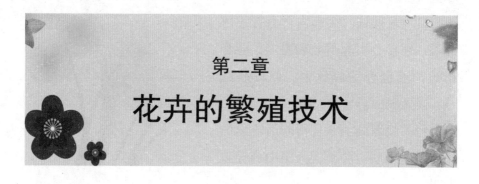

第二章

花卉的繁殖技术

花卉的品种很多，繁殖的方法也比较复杂，大体说来可分为有性繁殖和无性繁殖。

有性繁殖，也称种子繁殖。由种子产生的幼苗叫作实生苗。种子繁殖的优点是繁殖量大，常用于草本花卉。木本花卉很少用种子繁殖，主要是开花晚，而且不能保持品种的优良特性，常出现退化返祖现象。

无性繁殖，又称营养繁殖。它是利用花卉的营养器官根、茎、叶培育新植株的方法。无性繁殖常用的方法有分生、压条、扦插、嫁接。它的优点是成苗快、开花早，能保持母本的优良性状。

现将两种繁殖方法分别简介如下。

种子繁殖

1. 种子的培育

要想得到优良的种子，首先要选择生长发育良好的母株，加强肥水管理。在自然条件下植物的授粉主要靠昆虫、风力作媒介，在家养条件下，特别是在室内开花的花卉，通常不具备上述媒介条件，应采用人工授粉。方法：在花药成熟、柱头分泌黏液时，用新毛笔蘸取雄蕊的花粉，撒在雌蕊的柱头上。花期长的植物，可多次授粉，如君子兰、朱顶红等。采用人工授粉可提高花卉的结实率。

2. 种子的采收和储藏

花卉的种类繁多，种子成熟期长短不一，应经常观察成熟情况，及时采收。采收的种子要及时脱粒，风干。选择籽粒饱满、无病虫害的种子收藏备用。种子储藏条件的好坏，是影响种子寿命的关键。多数花卉的种子充分干燥后，可放在密封的瓶中，置于干燥、黑暗和温度较低的地方保存。但蔷薇、桂花的种子采收后应进行沙藏，牡丹、白兰花等花卉的种子则应随收随种。

3. 种子发芽需要的条件

种子通常在适宜的水分、温度和空气条件下才能萌发。

（1）水分

水分是种子发芽不可缺少的条件，种子吸水后，内部会发生一系列生理变化而发芽。为了促进发芽，常对一些种子进行冷水或温水浸种。为了保证种子发芽必需的水分，播种后应适量多浇水，特别在种子萌动时，不能缺水。但长期水分过多，也会因通气不良，造成种子腐烂。

（2）温度

各种花卉由于原产地不同，所以种子发芽要求的温度也不同。耐寒性宿根花卉及露地二年生草花的种子，其发芽最适温度为21℃~27℃，一些不耐寒花卉的种子发芽最适温度为27℃~32℃。

（3）空气

种子发芽需要吸收充足的氧气，同时排出二氧化碳。因此，播种后要注意通风透气，才能有利于种子萌发。

（4）光线

多数种子在发芽前不需要光照，盆播后放在室内暗处即可。但大岩桐、凤仙花、四季海棠等种子发芽，都必须有充足的光照。

4. 播种

（1）播种用土及其处理

要选择排水良好、疏松而肥沃的沙质壤土。可用旧盆土，或用腐叶土、园田土、细沙土配制。为了保证苗齐、苗壮，不受病虫危害，播种前最好对土壤进行消毒处理。最简易的办法是暴晒。如用土数量不多，可用锅蒸或炒，对土壤高温处理 20 ~ 30 分钟，消毒后土质疏松；如用土量较多，可向播种土喷 1000 ~ 2000 倍乐果或 100 倍的高锰酸钾消毒，用塑料薄膜密封一昼夜，达到熏蒸消毒的效果。喷药后存放几天，等药剂挥发后即可使用。但一般生长习性强壮的花卉，可不消毒，用干净的素沙土播种即可。

（2）播种方法

选用新花盆，用瓦片把盆底排水孔盖上，填入粗沙或炉灰渣 2 ~ 3cm，作为排水层。然后加培养土至盆沿，摇动花盆，把土压实，使盆面平正，即可播种。

1）点播：家庭养花，一般繁殖量不大，多采用点播的方法，即根据播种需要，选用大小合适的花盆，按一定距离将种子播入穴内。这种方法特别适合籽粒较大的种子。

2）撒播：将种子均匀地撒在土面上。撒播适用于大量种子繁殖和籽粒细小的种子播种。对于特别细小的种子，可事先与潮湿的细沙土混合，然后再撒播，避免播种不匀。

3）条播：适合用阳畦和木箱播种，特别是当种子品种较多，数量较少时常用这种方法，以便于区别。

（3）覆土和浇水

播种后应立即覆土，厚度以种子直径的两倍为宜。覆土过厚，空气不足影响种子萌发，同时还常造成种子发芽后因压力太大，长不出苗来；覆土过薄，影响种子吸收水分，不利于萌发。大粒种子用手直接撒土，小粒种子可用窗纱或纱布慢慢筛土覆盖。

覆土后及时浇水，一般用水浸法。可用干净的脸盆做容器，盛上清水，将播种的花盆放入其中，使水慢慢浸透，籽粒较大的种子也可用喷壶或家用喷雾器喷浇。浇水后，用木板、玻璃、报纸盖住，但要留缝透气。过几天视土壤含水情况可再浇水一至数次，直至幼苗出土。

（4）管理和移栽

小苗出土后，要揭去覆盖物，使之逐渐见光，长出 2~3 片真叶时，应及时移栽或上盆。一时不便移栽者，要注意间苗，同时施用少量稀薄液肥，促使幼苗苗壮成长。

分株繁殖

将丛生的植株分离为各自单独生活的新植株，称为分株繁殖。幼株不仅能保持母株的优良性状，而且具有相当发达的根系，所以成活率高，生长快，是家庭养花经常采用的繁殖方法之一。常用于灌木和宿根草本花卉的繁殖。

1. 分株的时期
（1）春季开花的花卉

一般在秋季分株，使其损伤的根系在秋季得到恢复，来年春天根系就能吸收水分和养料，供给新株生长、开花的需要，如牡丹、芍药、蜡梅等。

（2）秋季开花的花卉

一般在春季发芽前分株，如玉簪、菊花、天门冬等。

（3）其他花卉

有些花卉在室内条件下，一年四季均可分株繁殖，常在开花后结合换盆进行分株，如朱顶红、君子兰等。

2. 分株的方法

将母株从盆中磕出，或从地下全部挖出，并去掉一部分或全部宿土，使根系裸露。灌木类要看准分割部位，以便选择合适分株的枝条和根系；球根类应于看清子球在母体上的着生位置，分株时既可不损伤母株，又可使分殖的子株根系完整，是较多采用的分株办法。

不把母株整棵挖出，只从旁边切取一部分用来移栽。此法常用于植株较大，萌蘖力强，不便或不必全部挖出的花木，如紫薇、石榴、八仙花等。

压条繁殖

对于一些扦插不易生根的花木，常用压条法进行繁殖。此法较易成活，能保持原有品种的优良性状，管理方便，适合家庭养花使用。华北地区压条的适宜时间在春夏两季。现将常用的几种压条方法介绍如下：

1. 普通压条法

选基部一二年生的枝条，将其下部用刀刻伤数处或进行环状剥皮，埋入土中。深度：盆栽5cm左右，地栽10cm左右。上面压以重物，或用铅丝将其固定，以免枝条弹起。再在旁边插一根细木棍，同露出地面的枝条捆在一起，使其直立生长。经常浇水保持湿润，经两三个月可生根，秋天即可将母株切断，上盆分植。

2. 波状连续压条法

有些花卉，如枝条细长的金银花、易生长枝的茉莉等，可用波状连续压条法，一根枝条可繁殖数棵新株。

3. 壅土压条法

丛生性的花木，可用壅土压条法繁殖。先把各枝条在一定部位刻伤或环剥，然后壅土堆埋，使土保持潮湿。对于盆栽花木，可将花盆深埋。过于高大的盆栽花木，也可将盆斜埋于地下，向树冠的枝条堆土，并把露出的枝条扶直。生根后切离母株，分别栽种。

25

4. 高枝压条法

此法又称空中压条法，常用于枝条较高而又不易弯曲的贵重花木类，如桂花、白兰花、米兰等。首先将被压枝条环状剥皮，深达木质部，然后用塑料薄膜把环剥枝条的下部包扎起来，加湿土，再将上部捆扎，但不易太紧，留作浇水。如枝条太细，可用绳子吊挂在其他粗枝上，或设立支架。

扦插繁殖

扦插繁殖是花卉常用的无性繁殖方法之一。选取植株营养器官

根、茎、叶的一部分，插入潮湿、疏松的土壤或其他材料中，使之生根、发芽，形成新的植株。大部分花卉均可扦插繁殖。家庭养花爱好者，可利用亲朋、同事关系，互相取枝扦插，增加花卉品种。

1. 扦插前的准备

（1）扦插基质的选择

扦插基质是指能使花卉生根的物质。因地域和繁殖花卉种类不同，可因地制宜，就地取材解决。总的要求是，既排水良好，又持水力强，通气性好，升温容易，保温良好，无病虫感染的物质。

蛭石

1）蛭石：是房屋建筑、工业管道保温隔热常用的一种矿物质。扦插花卉用的蛭石是天然蛭石经过1000℃左右的高温焙烧后爆裂而成的膨胀蛭石。它具有空隙细小，质软体轻，吸水，保湿，保温，又无病菌感染等优良性能。园艺生产上用它做无土栽培花卉、蔬菜的基质。用它扦插花卉，具有发根快、移苗时根系不受损伤、上盆成活率高等优点。用蛭石与土混合种植盆花，盆土不板结，植株生长旺盛。各地建筑材料公司常有出售。此外，膨体砂、珍珠岩也具有蛭石同样的优良性能，扦插各种花卉均适宜。

用泥炭培植的绿芽

2）泥炭：也叫泥煤、草炭等，是煤化程度最浅的煤，多呈褐色或黑色。可用作燃料、化学工业原料和建筑绝热材料，在园艺及农业生产上用来做垫料、菌肥吸附剂和扦插基质。它保水力强，与粗沙混合使用更好。泥炭呈酸性，对大部分温室花卉扦插最为适宜。

3）河沙：有粗沙和细沙两种，要选用不含有机质的最好。它通气和排水性能良好，吸热容易，缺点是保水性能差，应注意及时浇水。靠近沿海的城镇，其建筑用沙，有的是从沿海运进来的，因此含盐较多。如果用于扦插花卉，必须事先用淡水冲洗。

4）炉灰末：锅炉或家庭烧煤剩余的炉灰渣，将其压碎，选用细末，具有与河沙类似的性能。一般呈中性或弱碱性，不适宜作酸性花木的扦插基质。

5）素沙土：即含有机质较少、排水良好的净面沙土，在我国北方各地容易找到。一般花卉都可以用这种基质扦插，还可作播种培养土。

6）水：有些花卉插在水中容易生根，如苏丹凤仙花、四季海棠、夹竹桃等。扦插用水要经常更换，保持水质清洁和水中氧气充足。

此外，对于一些容易生根的花卉，选择扦插基质可以粗放，旧盆土、园田土经过一定处理均可使用。酸性花木类还可以用黏土扦插。在使用耕作土壤时，要选择含肥少的，并加以消毒处理。

（2）插条的选择与剪取

从幼龄和壮龄母株上选择插条，比从老年植株上选择成活率高，在同一棵母株上，选择上中部的枝条，比下部的枝条生长充实，成活率高；一二年生的枝条比老年枝条容易生根；节间短、腋芽饱满、枝叶粗壮、无病虫害的枝条最为优越。

柳枝

把选好的枝条从着生叶子的下端平剪或斜剪下来。这个部位形成层活跃，养分积累较多，易于生根。向上最少要保留3个芽节，平剪。

（3）插条的处理

1）一般插条应随剪随插，中间相隔时间越短越好，遇有特殊情况不能马上扦插时，可用湿布或塑料薄膜将枝条包好，减少水分蒸发。

2）用素胶泥做成直径 1cm、长 1.5cm 的枣形小球，把插条基部包起来，将泥球埋入盆土中 4~5cm，浇透水，加罩保湿。这样可减少因管理不善、插条失水造成的枯死，提高成活率。特别是对生根需要时间较长的米兰、桂花、山茶、杜鹃等花木，使用此法更为适宜。这种方法称为泥球插。

3）在秋末冬初剪取落叶花木枝条，如没有条件扦插时，可把枝条剪好，绑成捆，埋入庭院房前屋后地下 30cm 深处，明年早春扦插。

天竺葵

4）仙人掌等多浆植物剪取的插穗，应放在通风处晾 2~3 天，等剪口干缩并形成保护膜后再扦插，否则易于腐烂。

5）含水分较多的花卉，如天竺葵、夹竹桃、一品红等，将其插条下口沾一些草木灰，可防止插后腐烂。或将剪取的枝条晾 1~2 天再插。

6）物理处理：对于难生根的木本花卉，在剪取插条前，先对枝条进行环状剥皮，使养分积聚在环剥部位的上方，等扦插时可沿此处剪取，插后易于生根。

对月季、扶桑、一串红等花木的插条，为促使多生根，还可在插枝下部节间周围，用针扎眼数处，或用刀刺伤。

7）其他处理。

a. 高锰酸钾处理：用 0.1%~1% 高锰酸钾水溶液浸泡木本花卉

的插条 24 小时，可提高生根发芽率。

b. 蔗糖处理：用 2%～10% 的蔗糖水溶液对插条浸泡 24 小时（草本植物可稍低），用清水冲洗后扦插。

c. 维生素 B_{12} 处理：将插条的下口在维生素 B_{12} 针剂中蘸一下（医用针剂原液即可），取出经一两分钟使插条吸进药液后再插入土中，有促进产生愈伤组织和生根的效果。

d. 生长素处理：园艺生产上，为促进扦插苗生根，常用吲哚乙酸、吲哚丁酸、萘乙酸等植物激素，对插条进行处理，其溶液使用浓度为 50～500mg/kg，家庭养花使用较少，不再详述。

2. 盆插和地插

（1）盆插（箱插）

家庭养花不以生产为目的者，一般繁殖数量少，适合盆内扦插。新盆透水、透气性能好，病菌感染少。如用旧盆要洗涮干净，并应消毒，或在日光下充分暴晒几天。用盆大小应根据插苗的多少来选择。花盆太小，水分蒸发快，不易管理。一般用口径 20cm 以上的花盆。扦插多浆植物可选用浅盆。花盆选好后，将排水孔盖上瓦块。

如用一般壤土，盆的下部应先放 3cm 左右的粗沙做渗水层。如用排水良好的基质，可直接填入盆内，入盆前要加水使得基质潮湿。震动几下花盆，再用手轻轻将基质压实。用木棍、竹棍等插好小洞，然后将插条插入盆中 3～5cm，随手将插条四周的基质压实，然后喷透水，这是保证插条成活的重要环节。

多数花卉插后需加罩，保持较高的湿度。开始放在阴凉处，以后逐渐见光。深筒花盆可盖玻璃，一般花盆可罩塑料袋。为了管理方便，扦插几棵小苗可用玻璃瓶、玻璃杯、烧杯、塑料袋作罩。还可将使用过的酒瓶（不耐热的）加工。方法：取一段直径 0.32cm（10号）的铅丝，根据瓶子的直径弯曲成钳形夹子。加热钳形夹子的圆形部分，待烧红后，立即卡在瓶子要截断的部位，20 秒后取走钳形夹，把瓶子马上浸在冷水里，瓶子就在受热处裂开。

（2）地插

根据扦插数量多少，选庭院地势较高向阳处，挖一长方形小池，深 30cm。有条件者，四周用新砖砌起，底部加厚 10cm 的粗沙或炉灰作渗水层，上加扦插基质。插完后，盖塑料薄膜，并应盖竹帘遮光。为了增加池内空间，有利扦插苗的呼吸，可用竹片、竹竿等做成弓形架，上覆塑料薄膜，将四周密封。为了管理方便，最好用木料、玻璃制作一个无底的扦插箱。大小根据需要自定。箱内保温、保湿、透光，活动窗用于开关、通气。

无论盆插和地插，在管理上均要注意以下几点：

第一，插后浇透水，扦插基质的含水量应达 50% 左右。扦插初期基质含水量应多一些，有助于愈伤组织的形成。半个月左右，当愈伤组织形成后，浇水量应逐渐减少，以利发根。这时如水分过多，不利生根，甚至造成腐烂。扦插苗要求较大的空气湿度，一般相对湿度 90% 以上为宜。为达此目的，需对插床加罩保湿（仙人掌类除外）。

第二，要注意通风换气。当愈伤组织及新根发生时，呼吸作用加强，需氧较多，新根形成后要求供给更多的氧气。因此，每天应换气 1～2 次，每次 1～2 小时。

第三，扦插苗生根的温度与其生长发育要求的温度大体一致或稍高，多数花卉的嫩枝扦插需要 20℃～25℃，热带植物生根要求 25℃～30℃，耐寒花木稍低。华北地区在家养条件下，多数花卉宜在春夏扦插。秋插生根后，冬季将临不利小苗生长。

第四，硬枝扦插开始可置于阴凉处，半个月后逐渐见光。嫩枝扦插（一般带少量叶片）需要弱光照射（即遮光 2/3 以上），使扦插苗进行光合作用和制造生长素，可促进插条生根。

第五，扦插苗一般在一两个月内即可上盆移栽，以每株生有3—5条新根且长达3cm左右时上盆为宜。特别是插在蛭石、珍珠岩等基质里的幼苗，不及时移栽可能会出现锈根，幼根由白色变成铁锈色，并易老化。

🌸 嫁接繁殖

嫁接繁殖是将一株植物的枝条或芽，接到另一株带有根系的植物上，使该枝条或芽接受它的营养，并发育成一株独立植株的方法。这个枝或芽叫作接穗（俗称"码子"），带原根承受接穗的植株叫作砧木（俗称"母子"）。

在花卉繁殖中采用嫁接的方法，主要有如下几个目的：第一，保持优良品种的特性。接穗一般是优良品种，实生繁殖常退化，如柑橘类。第二，提前开花结果。实生苗繁殖达到发育成熟期时间太长。第三，一株多花。如在一棵月季上，嫁接不同花色的品种，一棵月季可同时开放几种花色，十分美观。第四，有些没有叶绿素的植物，自己不能独立生活，如仙人球中的红、黄、白色等各种球，必须靠砧木供给养料，才能生长发育，传种接代。

砧木一般是野生种或实生苗，根系发达，生长健壮，把优良品种嫁接其上，能使植株生长发育旺盛。

嫁接繁殖的方法很多，最常用的方法有如下4种：

（1）枝接法

枝接花木，华北地区多在发芽前的3—4月份，树液刚开始流动时进行。嫁接时，先将砧木在距地面5cm左右处剪断，选择较平滑的一面，用刀将砧木自上向下切深3cm的切口。剪取接穗至少保留2~3个芽，上口要高于最上一个芽0.5cm，以保护芽点不致被碰伤，下口在最下一个芽点的下边至少3cm处，然后将接穗下部3cm的两面削成鸭嘴状，插入砧木切口中。用塑料薄膜条捆紧，然后用湿土埋上即可。

（2）芽接法

芽接在6—9月均可进行。嫁接时先将接穗枝条上的叶片剪掉，但要保留叶柄，然后在芽的上方1cm处横切一刀，再从芽的下方1cm处向上平削。把砧木下部的泥土擦净，距地面5cm处横切一刀，长1cm，深达木质部。再从切口中间向下纵切一刀，长1.5cm，使呈"T"字形，然后轻轻把皮剥开，将接穗插入"T"字形口内。

芽片要居中，使芽片的上端与砧木横刀口处紧密对合。最后用塑料薄膜条扎紧，使叶柄露在外面即可。接后7～10天可进行检查，如果叶柄用手一触即落说明接活了，如果叶柄不落或芽已干枯说明接芽已死，可立即补接。接芽成活后，当年不剪去砧木的上部，以免幼芽萌动，遭受冻害。待第二年早春树液开始流动后，自接口上方2cm处，将砧木顶部剪去，以促接芽萌发成新的植株。为了避免接芽当年萌发，可适当推迟芽接的时间。各地可按气候条件因地制宜，如石家庄市一般可在处暑至白露间进行芽接。

（3）靠接法

靠接主要用来繁殖其他方法不易成活的花卉。靠接时期在树液流动期间均可进行：①削接穗和砧木；②6—7月份最好。这种方法是砧木不去头、接穗不剪离母体，在砧木和接穗将要靠接的枝条上，各削一个大小相同的接口，长2～3cm，互相对准形成层，如粗细不一，至少要把一侧的形成层对准。

然后用塑料薄膜条扎紧，并尽量包严，不使雨水灌入其中即可。

（4）平接法

平接一般用于仙人掌类嫁接。嫁接时间以气温达18℃～25℃时最为适宜。在室内，春、夏、秋三季均可进行，但7—8月份气温炎热多雨，易造成霉烂。华北地区仍以4—6月份最佳，9—10月也可。

　　嫁接时在适当高度将砧木做水平横切，一定要削去生长点，这是关系到成败的关键之一。然后把接穗的底部也做水平横切，把砧木和接穗的髓心对准，用线或塑料薄膜条将其纵向捆绑，松紧要适度，小球宜松，大球可稍紧，使两个切口密切接合，5～10天即可愈合。

第三章
花卉的日常管理

要想把花养好，就必须了解各种花卉的生长发育规律以及花卉对环境条件的要求。各种花卉由于原产地不同，它们的生长习性各异，后面将逐一介绍。这里重点介绍花卉栽培管理的基础知识。

 土壤和培养土

1. 土壤质地分类

土壤质地是指土壤的物理性状，即土壤的沙性、黏性程度。根据土壤沙黏程度，一般将土壤分为沙土、黏土和壤土三大类。

（1）沙土类

土粒间隙大，土壤养分少，通气和渗水性能好，保水保肥性能差。

（2）黏土类

土粒间隙小，通气和排水性能差，湿则泥泞，干则板结，但保水保肥能力强。

（3）壤土类

兼有沙土和黏土的优点，克服了两者的缺点。通气透水性能好，保水、保肥能力强，适合植物生长。

2. 土壤的酸碱度

土壤溶液中存在着少量的氢离子（H^+）和氢氧根离子（OH^-），其数量多少决定着土壤的酸碱度。华北地区，特别是河北省的土壤多为弱碱性土；南方的土壤多为弱酸性土和酸性土。一般用pH值来表示土壤的酸碱度。pH值共分14级，数值等于7为中性土，大于7为碱性土，小于7

为酸性土。一般将土壤的酸碱性划分为6级：①pH 3.0～4.5 强酸性土；②pH 4.6～5.6 酸性土；③pH 5.5～6.5 弱酸性土；④pH 6.5～7.5 中性土；⑤pH 7.5～8.5 碱性土；⑥pH 8.5～9.5 强碱性土。

在家庭条件下，可用pH试纸，测定土壤的酸碱度。方法：把土壤加水稀释，震荡片刻，待土粒沉淀后，用试纸蘸一下，取出，试纸原为橘黄色，变蓝则为碱性土，变红则为酸性土，并可从试纸附带的色谱中，查出土壤具体的酸碱度。

多数观赏花卉适应的土壤酸碱度在pH5.5～7.0，长期生长在北方的花卉，对碱性土适应性较强，但pH值一般不宜超过8，而长期生长在南方的花卉，则要求pH4.5～6.5的酸性和弱酸性土壤。因此，像杜鹃、山茶花、栀子等，在北方碱性土壤中生长不良，少则一两年，多则三四年即死去。

3. 改变土壤酸碱度的方法

（1）降低土壤酸度的方法

在花卉栽培中，为了满足中性和碱性花卉对土壤的要求，常采取施用石灰的办法。石灰一般分为三种，即生石灰（氧化钙）、熟石灰（氢氧化钙）和石灰石（主要成分是碳酸钙）。生石灰和熟石灰宜用于黏土，石灰石宜用于沙土。施用量可根据需要而定，一般每立方米土加生石灰 0.25～0.5kg 即可。家庭养花，改良土壤数量少，也可用添加石灰石小块或石灰墙屑改良。

（2）降低土壤碱度的方法

我国北方的土壤，多数呈中性或碱性。为了满足酸性花卉对土壤的需要，必须对土壤进行改良。现将适合家庭养花用的几种方法简介如下：

1）每立方米培养土，加硫磺粉 0.5～1kg，可使碱性土变为中性或弱酸性。硫磺粉见效慢，但持续时间较长。使用量少时，口径 30cm 的花盆，加 1 羹匙硫磺即可。

2）每立方米培养土，加硫酸铝（白矾）0.5～0.75kg，可使中性土变为弱酸性土。盆栽花卉也可定期浇灌 1∶50 的白矾水溶液。

3）用 1∶200 的硫酸亚铁（黑矾）水溶液浇花，每 7～10 天 1 次，冬季可 15～20 天 1 次。黑矾见效快，并且其中所含亚铁离子有促进叶绿素形成的作用，浇后可使花卉枝叶浓绿。家庭如养有柑橘、茉莉、米兰、杜鹃、山茶等酸性花木，可购买 0.5～1kg 黑矾。使用方法：除配制水溶液外，也可 10 天左右，每盆花加黑矾 1～2g，浇水 0.5～1kg。

4. 培养土

盆栽花卉长期生活在容积很小的盆中，要求培养土肥沃，疏松、排水和透气性能良好，持水保肥能力强。因此，土壤配制的好坏，是花卉生长发育好坏的关键因素之一。家庭养花者多居住在城镇，就地很难找到现成的适合花卉生长的土壤。因此，需要就地取材，自己动手配制。常用的配制材料如下（可根据条件，选择其中一部分或大部分使用）：

（1）园田土

园田土又称黄土，是栽培作物的熟土，多团粒结构，是排水通气性能较好的土壤。

（2）堆肥

将垃圾、落叶、杂草、家禽及家畜粪便、人粪尿等加黄土，堆积发酵，充分腐熟，至少经过一年才能使用。堆肥含有较多的腐殖质和矿物质，一般呈中性反应。

（3）厩肥

厩肥是牲畜粪尿、垫料和饲料残余的混合物，含有多种有机质和氮、磷、钾等养分，一般呈中性或弱酸性。肥效迟缓而持久，能改良盆内土壤物理结构和化学性能。一般作基肥，栽培大量花卉时常使用。

（4）马粪土

将马粪密封发酵，充分腐熟，然后与沙土按 2∶3 混合，捣碎，即可使用。马粪土含腐殖质较多，通气、持水性能好，一般呈中性或弱酸性反应，适合多数花卉生长发育的需要。马粪比牛粪黏性小，透气性强，这是马粪的突出特点（羊粪也具有类似的优点）。

（5）腐叶土

秋天收集一些树叶，倒入坑内，同时分层加土和家禽、人畜粪便，以及洗涮鱼、肉的残渣剩水，用土密封，保持湿润，经过一年即可使用。腐叶土具有丰富的腐殖质，偏酸性，物理性能良好，土质疏松，通透性能好，又保肥保水。

（6）旧盆土

旧盆土也称"还魂土"，是倒盆后的废土，需经夏天雨淋，腐熟后再用。

除上述几种土外，调制培养土常用的原材料还有河沙、炉灰末、素沙土以及蛭石、珍珠岩、膨体砂等。

为了消除来自土壤中的病虫害，盆栽花卉用土要经过消毒处理。消毒办法参见花卉繁殖部分的播种用土及其处理内容。

肥料的种类及作用

1.肥料的种类及作用

植物在其生长发育过程中，不断地从周围环境中摄取营养成分，供自身生长发育的需要。植物从土壤中吸收的营养元素主要有氮、磷、钾、硫、钙、镁、氯、硼、锰、铜、锌、铁、钼、钴等。硼、锰、铜、锌、铁、钼、钴7种元素在植物体内的含量占万分之几到十万分之几，叫作微量元素。但每种元素有其独特的作用，缺一不可。除氮、磷、钾3种元素需量较多而土壤供应不足外，其他元素只要注意培养土中多加有机肥，一般不需另外施用。现将氮、磷、钾3种元素在花卉生长发育中的作用及其肥料来源介绍如下：

（1）氮肥

1）氮在植物营养中的作用：氮是蛋白质的主要组成元素，蛋白质是构成植物体最基本的物质，氮又是叶绿素的重要组成部分。氮肥供应充足，细胞分裂快，增长迅速，枝叶茂盛，根系发达。在缺氮情况下，生长受阻，叶小，叶色变黄，茎细弱。但是，氮肥施用过量，则又将延迟开花结果，使茎叶徒长。所以使用氮肥要掌握适时、适量。

多数花卉在幼苗期和春季生长期需要氮肥量较多。观叶花卉在整个生长期都需要较多的氮肥，使之能在较长的时期中保持美观的叶丛。观花、观果花卉，在进入生殖阶段，氮肥不宜过多，否则将延迟花期，氮肥太多，常常造成不能开花和结果。

2）含氮肥料：在有机肥料中，人粪尿、厩肥、堆肥均是偏氮的完全肥料。各种饼肥，更是以氮为主的肥料。

饼肥中的氮、磷多以有机状态存在，必须经腐熟分解为无机状态后，才能被植物吸收利用。饼肥发酵时产生的有机酸伤害幼根。因此未发酵的饼肥不宜和种子或幼根接触。饼肥是家庭养花常用的肥料，它既可作基肥，也可作追肥，可将腐熟的饼肥掺在土中作基肥。作追肥时可施于盆土表层，或浸泡成液肥浇灌。

在无机肥料中，目前常用的氮素化肥有碳酸氢铵、硫酸铵、氯化铵、硝酸铵、尿素及氨水。在花卉栽培中，可作追肥施用。对水100～200倍浇灌，肥效一般保持10～20天。

（2）磷肥

1）磷在植物营养中的作用：磷是构成植物细胞核和原生质的原料。磷肥供应充足，能促进种子发芽，增强茎和根系的发育，促分蘖、分枝，以及缩短生育期，提早开花结果。在缺磷情况下，细胞的分裂与增殖受到强烈抑制，生长迟缓，影响生殖器官的形成和花芽分化，降低花卉对病虫害的抵抗力。

观花、观果的花卉，在整个生长发育期均需磷肥，特别是进入生殖阶段后，对磷肥的需要量更多。磷肥对球根花卉的开花及球根的充实尤为重要。但磷肥过多，常造成植株早衰。

2）含磷肥料：在上述讲到的有机肥料中，均含有一定数量的磷。动物骨骼中含磷较多，而鱼刺、鱼鳞、淘米水中也含有一定数量的磷。

骨粉在花卉栽培中常作基肥使用。家庭养花，可把骨头砸碎，分层施在盆中作基肥；也可用水浸泡作追肥。但煮熟的骨头如含有盐分，应先用清水浸泡、冲洗后，方可使用。

在无机肥料中，常用的磷肥有磷酸二氢钾、过磷酸钙、钙镁磷肥、磷矿粉等。

磷酸二氢钾、过磷酸钙是水溶性磷肥，适用于大多数土壤作追肥。过磷酸钙也可作基肥。钙镁磷肥、磷矿粉属于难溶性磷肥，在酸性土壤中施用，才能较好地发挥肥效。磷肥在土壤中移动性小，分层施用，效果较好。

（3）钾肥

1）钾在植物营养中的作用：钾与氮、磷等营养元素不同，它不参加植物体内有机物的组成，在植物体内常以离子状态存在，移动性很大。钾有活化酶的作用，能促进光合作用的进行，有利于糖类、淀粉及蛋白质的合成，对球根花卉的发育有极好的作用。钾还能提高植物体内纤维素的含量，因而钾肥可使根系发达，茎枝粗壮，花色鲜艳，抗病虫害、抗寒性增强。缺钾时，花卉茎秆细弱，生长受到抑制。严重缺钾时，叶尖、叶缘枯焦，叶片皱曲，下部叶片常出现病斑，老叶叶缘卷曲，呈褐色，下部叶片和老叶易脱落。钾肥过量，能影响植物对其他营养元素如钙、镁的吸收利用。

2）含钾肥料：有机肥料中均含有一定数量的钾，以草木灰中含钾较多。常用的无机钾肥，主要有硫酸钾和氯化钾。

钾肥可作基肥和追肥。草木灰属于碱性肥料，施用时忌与酸性肥料混合。土壤施用硫酸钾和氯化钾后，均呈生理酸性。

有机肥，特别是厩肥、堆肥、饼肥和骨粉中，均含较多的钾，所以在上述有机肥料供应充足时，一般可不再单独施用钾肥。

综上所述，各种肥料对花卉的生长发育，具有独特的作用。因此，在花卉栽培中，不能单独强调某种肥料的重要性，而要综合考虑，配合使用，才能取得良好效果。

2. 矾肥水的配制

（1）肥水

根据养花多少和放置地方的大小，选适宜的小缸一个，把碎骨头、饼肥、鸡、鸭、鱼、兔头、蹄、内脏、豆浆、各种发霉变质的米、面、豆类及馒头、剩饭等加水放入缸内，用塑料布密封，放置日光下（无光也可）暴晒，发酵1个月，即可腐熟。取其清液对水5~10倍，即可作追肥使用。适用于所有盆栽花卉。

（2）配制方法

在一小缸肥水中（按25kg计算）加黑矾150~200g，即得矾肥水。使用时兑水5~10倍。黑矾易溶于水，使用一段时间后要不断添加黑矾。长期浇灌矾肥水，可使北方中性或碱性土呈弱酸性，适合由南方移植的多数花卉生长的需要。

3. 新型盆花肥料

为适应室内养花发展的需要，近年来许多地方研制并生产了盆花专用肥料，它的最大优点是克服了使用有机肥料所产生的臭气，适合家庭养花施用。各地花卉门市部常有出售，可根据需要选用。

（1）片状肥料

有全元素片肥、促花片肥和促叶片肥3种。

1）全元素片肥：含有按适当比例混合的各种营养元素，除氮、磷、钾外，还有微量元素，适合于一般花卉生长和发育的需要。

2）促花片肥：以磷、钾为主，可促进花蕾形成，增大花朵，延长花期，抑制徒长，适用于观花和观果花卉。不能与促叶片肥同时

41

使用。

3）促叶片肥：以氮素为主，适用于幼苗植株和观叶花卉。

上述 3 种片肥，目前也有制成粉剂出售的。

（2）腐殖酸类肥料

以含腐殖酸较多的草炭等为基质，加适当比例的各种营养元素制成的有机、无机混合肥料。其特点是肥效缓慢，性质柔和，呈弱酸性，适用于多种花卉，对喜酸性花卉更为适宜。

4. 施肥注意事项

（1）要根据花卉生长发育的需要施肥

苗期要多施含氮肥料，进入花芽分化期和开花结果期要控制氮肥的施用，多施磷肥。如花芽分化期仍施用过量的氮肥，影响花芽的形成，使花卉不开花或少开花；在花期如施用氮肥过量，则会造成花蕾脱落；幼果期氮肥过量，常出现落果现象。

春、夏季节，花卉生长迅速、旺盛，可多施肥，除施底肥外，一般每隔 7～10 天追施稀薄液肥 1 次；立秋后，一般花卉长势渐弱，可 15～20 天追施 1 次；冬季处于休眠状态的花卉，停止施肥。

（2）施肥要适量，不可太多

盆栽花卉对各种肥料的需要量有限，如施用饼肥作基肥，口径 20cm 的花盆不宜超过 20～30g，口径 30cm 的花盆施用量不宜超过 40～50g，草本花卉宜更少一些。化肥作追肥施用时，应先用水稀释，适宜的浓度为 0.3%～0.5%，过磷酸钙因含量低，追肥浓度可达 2%～3%。

各种肥料如施用量较多，浓度太大，不仅不能被植物吸收，相反还会把植物体内的细胞液倒吸出来，轻者使叶子变黄、脱落，重者造成整株死亡。施肥过量，是目前家庭养花中普遍存在的问题之一。许多人想多施肥，使花卉迅速生长，结果适得其反，这种教训应引起初学养花者的充分注意。在对施肥量没有把握时，宁可少施，不要多施。

（3）要施熟肥，不要施生肥

无论作基肥，还是作追肥，均要经过发酵，充分腐熟。施用生肥常带来两种危害：生肥遇水发酵，在发酵过程中，产生高温和有机酸伤害根系，特别易使幼根和根毛遭受危害，而根毛区正是根系吸收水分和养料的最活跃部分，施用生肥还常常导致病虫危害。因此，不应随便把变质的鸡蛋、肉类、馒头、牛奶等施于花盆表土。如限于条件，需要施用少量生肥，应注意两点：一是要把生肥磨碎；二是不要与根系接触并用表土掩埋。

花卉的浇水

1. 水在植物生活中的作用

水是植物生长发育过程中不可缺少的物质。水在植物生命活动中起着重要作用，一般植物的含水量占植物鲜重的75%～80%，只有在含水量充足的情况下，才能保持植株挺立，枝叶伸展。在植物的生理

浇水

活动中，水既是光合作用的重要原料，又是植物一切生化反应的介质和运送无机盐和有机物的溶剂。因此，在花卉栽培中，浇水是一件最经常、最主要的管理工作。

2. 盆栽花卉对水质的要求

盆花最好用软水浇灌，因为硬水中所含的钙、镁等无机盐，常给花卉正常的生理活动带来危害。雨水、河水、湖水、塘水称为软

水，含矿物质少，一般呈弱酸性或中性，适合浇花。但北方城镇居民不易取得。目前常用的是自来水和深井水，这两种水多为硬水，一些城市的自来水，经消毒处理后含有氯离子，对花卉生长不利。如有条件，应将自来水导入缸内存放 1～2 天再用。不同植物对水的酸碱度有不同要求。大多数原产南方的花卉，在碱性条件下，正常的生理活动受到妨碍，以致衰老死亡。例如茶花、杜鹃、白兰等，对土和水的酸碱度反应就很敏感，在花卉栽培管理工作中，仍可应用黑矾和食醋改变水的酸碱度，每 5kg 水加黑矾 20～50g 或食醋 2～3 羹匙。如经常浇矾肥水，则不必在水中另加黑矾和食醋。

3. 盆栽花卉浇水需注意的问题

（1）水的温度

浇水温度与当时的气温、土温相差不宜太大。如果突然浇灌温差较大的水，根系及土壤的温度突然下降或升高，会使根系正常的生理活动受到妨碍，减弱水分吸收，发生生理干旱。因此，夏季忌在中午浇水，以早、晚浇水为宜。冬季则宜在中午浇水。冬季自来水的温度常低于室温，使用时可加些温水，使其高于室温 5℃左右，可增加盆内温度，有利于花卉生长。

（2）浇水量

判断植物的需水量，要在实践中逐步摸索，找出规律。真正掌握好浇水量，要有丰富的实践经验才行。总的要求是一般花卉要掌握"见湿见干"，木本花卉和仙人掌类要掌握"干透浇透"的原则。就一般情况而言，同一种花卉，幼苗期应适当多浇水，夏季生长旺盛，蒸发量大，应多浇水，秋冬少浇水。在室内可每隔 2～3 天浇水 1 次，在室外则应每天浇水 1 次。华北地区，每年 4—6 月份常遭干热风的侵袭，应注意增加浇水次数和浇水量。

不同品种的花卉，浇水量要区别对待，一般草本花卉比木本花卉需水量大，浇水宜多；原产热带潮湿地区的花卉比原产干旱地区的花卉需水量大；叶片大、质地柔软、光滑无毛的花卉，蒸发多，需水量大；而叶片小，革质的花卉需水较少。总之，要根据盆花对水分的需要，做到适时、适量，不干不浇，浇必浇透。

（3）浇水的方式

多数花卉喜欢喷浇，喷水能降低气温，增加小环境的湿度，减少植物蒸发，冲洗叶面灰尘、污物，提高光合作用的效率。经常喷浇的花卉，枝叶洁净，可提高观赏价值。但盛开的花朵和嫩芽及毛茸较多的花卉，不宜喷水。家庭养花可视条件而异，没有喷壶，也可直接浇灌盆面，但应定期用手洒水，冲洗叶面。

（4）扣水

扣水是在花卉生长发育期，采取少浇水的办法，使枝梢尖端和叶片发生萎蔫，控制营养生长，促进形成花芽的一项技术措施。

在形态学上，花芽与叶芽是同源的，植物的生长点分化成叶芽还是花芽，主要决定植物本身的条件。在我国传统的技术栽培中，常用扣水的方法控制营养生长，促使多形成花芽。如碧桃、梅花，在其花芽形成的7—8月份，可连续扣水4~5次。柑橘类也常采用扣水的办法，促使形成花芽。观果花卉，除了在花芽分化期采取扣水措施外，开花期和坐果初期，都可适当扣水，以提高坐果率。但开花期和坐果初期的扣水，要比促使花芽分化时的扣水轻一些，否则，过于干旱，易造成落花、落果。

（5）萎蔫花卉的抢救

家庭养花，由于管理不善和一时疏忽，往往造成盆栽花卉的萎蔫。究其原因有两种情况：由于土壤缺水而造成的萎蔫，叫作永久萎蔫；由于空气过于干燥而造成的萎蔫叫作暂时萎

蔫。对暂时萎蔫，主要通过向地面和叶面喷水的办法解决，或适当遮阴，减少蒸发。对永久性萎蔫，主要是补充土壤水分。值得注意的是，对因土壤缺水造成的严重萎蔫，在浇水时必须逐渐增加浇水量。这是因为当植物萎蔫时，根毛已经遭到了损害，吸水能力降低，只有形成新根毛，才能恢复原来的吸水能力。同时，萎蔫使细胞失水，若供应水分骤然增多，会使细胞壁和原生质发生质壁分离的现象。因此，植物干旱后，突然浇大量的水，也会引起死亡。

栽植和换盆

1. 栽植

栽植有两种含义：一是指将繁殖的各种苗木，如扦插苗、实生苗上盆培养；二是指花卉的移栽。

栽植

栽植花卉应先准备好花盆和培养土。培养土可用田园土、腐叶土与河沙配制。新栽种的苗木一般不施基肥，等换盆时再施基肥。盆的大小要按花苗的大小选定。新盆栽种前用水浸透，旧盆使用前应洗刷干净，最好暴晒 3~5 天，然后再用。栽植时，选合适的瓦块将盆底排水孔盖上，使其渗水而不漏土，然后在盆底放 1~2cm 粗沙、碎石、炉灰渣等，作为排水层，其上放培养土适量。将需要栽植的花卉放在适中的位置，左手持苗，右手继续添加培养土。露根苗上盆，栽植时要使根系舒展，不要使很多根卷曲在一处；带土台的苗上盆，尽量不要使土台散碎。在填土过程中，要不断震动花盆，使土与根系密切接触，防止填土不严，出现孔洞。

加土接近盆沿时停止，将盆土震实，再用手轻轻把土压实，使盆面呈倒锅底形，即中间稍高，周围稍低。根据花盆大小和花卉需水的多少，留下2～3cm的沿口（盆土表面至盆沿的距离），浇透水，放在阴处。以后要注意喷水，过几天逐渐见光。

移植花卉宜在春季。冬季室温一般较低，不利根系恢复；夏季天气炎热，植物蒸发量大，影响成活，同时易造成根系腐烂。移栽的花卉，如根系损伤严重，应用田园土或素沙土，不要含肥太多，以免引起烂根，影响成活。

移植花卉，不要埋得过深或过浅，盆土也不要填得过满。

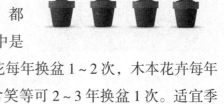

小苗长大要换盆，分株繁殖、根部发现病虫害或土壤缺乏营养等，都要换盆。因此，换盆在花卉栽培中是一项经常性的工作。一般宿根草花每年换盆1～2次，木本花卉每年1次，少数品种如山茶、杜鹃、含笑等可2～3年换盆1次。适宜季节为清明至立夏。

（1）取出花苗

从盆中取小苗时，左手将盆面盖住，把花卉枝干夹在指缝间，将盆倒置，用右手拍击盆底及盆壁，植株即可带盆土脱出。

中等大小的花盆，可两人操作，也可一人两手端着花盆，向前侧方伸出，然后使盆底朝下落在不太硬的土地上，使盆受到震动。经过几次震动，盆土与盆壁脱离，即可脱出。

大盆栽植的花木，可将盆横倒，用绳将枝干捆起，两手扶住，用脚轻轻地踢盆的周围，使盆土与盆壁分离，将花卉脱出盆外。

对少数既怕伤害根系又怕损坏树冠的花卉，如培养4～5年的大棵蟹爪兰，则可把盆砸碎。

（2）去宿土和修根

从盆中取出的植株，有的直接上盆栽种，有的需要去掉部分宿土并对根系进行修剪。可用竹签、尖铲除去土球上部、四周和底部的宿土，尤其要注意去掉土球中心部位的宿土，根系在那里往往分布较少。修根要视花卉品种和根系多少而定。须根多时，要去掉一部分，剪去腐烂根、死根和老根。对于不宜伤害根系的花卉，只用竹签剔去宿土即可。

（3）上盆栽种

去宿土和修根后即可上盆，具体操作过程和注意事项与前面介绍过的栽植相同。但也有两点不同：一是肥量和腐殖质的含量应增多；二是要施用一定量的基肥。具体用量将在各种花卉的栽培管理中介绍。

修剪和整形

1. 修剪和整形的目的

（1）造成一定的树形

各种花卉在自然状态下有其自己的形态特征和生长特性，如任其自然生长，树冠常常紊乱且郁闭，枝条分布不均，主枝、侧枝从属关系不明显。在花卉栽培中，人们常根据需要与可能，把花卉修剪成不同的树形。如常把黄杨、冬青修剪成球形；把迎春、紫薇修成自然垂枝形；把牡丹、月季、茉莉等修剪成丛生灌木形；将扶桑、夹竹桃等修剪成有明显树干的小乔木形。一品红、碧桃等在生长期要多次整形，折弯，使枝条分布匀称。金莲花、蔓生天竺葵，常常绑扎成扇面形等。

（2）调整营养生长与生殖生长之间的关系，提早开花结果

根据花卉的生长习性和长势强弱，进行适当的疏剪和短截，能

使各类枝条均衡发展，防止树势过旺
或过弱，使之年年抽生较旺的新梢和
形成足够的开花结果枝，达到花枝繁
茂、花朵硕大、结果累累的目的。修
剪的时期不同，对开花结果影响很
大，要引起特别注意。凡是春季开花
的品种，如梅花、碧桃等，其花芽大
都在头年生的枝条上形成。因此，冬
季不宜重剪，一般只剪除无花芽的枝
梢。花后，根据树形进行一般修剪或
强度修剪，促其萌发新梢，形成花
芽。在当年生枝条上开花结果的品

种，如月季、扶桑等，可在休眠期重剪，促其萌发粗壮的枝条，开
花繁茂。

（3）改善花卉内部通风见光条件，促其生长健壮

自然生长的花卉往往枝条密生，通风透光不良，植株生长不壮。
对没有留用价值的交叉枝、徒长枝、密生枝、病枯枝应及时剪除，
促使花卉生长健壮。

2. 修剪和整形的方法

（1）短截

短截就是把较长的枝条剪短。其主要作用是刺激侧芽的萌发，抽
生更多的新梢，增加开花的枝数和朵数。茉莉、月季等开花后均要及
时短截。

（2）疏剪

疏剪主要是剪去树冠上生长过密的交叉枝、重叠枝、徒长枝、
病虫枝、干枝、衰老枝以及其他影响树形的枝条。

（3）缩剪

缩剪是指在多年生枝的基部，留2~3个侧枝或芽，而将顶枝剪除。对树冠下部出现光秃现象或生长过高的植株，为了复壮树势，降低高度，使株形圆满，开花整齐，常进行缩剪。

（4）摘心

在花卉生长中，摘去枝梢尖端的生长点，叫作摘心。幼龄花卉摘心后，可促其抽生侧枝，加速树冠扩大，使其早日成株，提前开花结果。开花结果树摘心后，可以调节生长势，促使花芽分化。

（5）摘叶

当叶片过多过密时，可摘去一部分，控制营养生长，改善通风透光条件，有利花芽形成。如八仙花和天竺葵，叶片较大，当老叶遮住顶梢时，影响开花，应予摘除。影响腋芽萌发的叶子也要摘除，如茉莉花在春天如不摘除老叶，新芽就萌发得迟缓而影响开花。对于植株基部的老叶、黄叶也要及时摘除，保持株形美观。

（6）剥芽

剥芽是指将发生的芽由基部剥除。在花木的基部或干上常有不定芽发生，如不及时摘除，不仅浪费养分，而且扰乱树形，应及早剥除。

（7）剥蕾

剥蕾是指由发生花蕾的地方将其剥除。幼龄花木、长势太弱的花木，为了减少养料消耗，促其营养生长，常剥去全部或大部分花蕾。一些花形大的品种，为了使养分集中，促其花朵硕大，常将过多的花蕾除掉。如菊花、月季、大丽花等常剥去一些花蕾。观果花卉，剥蕾和摘除部分幼果，可使果实长得更大，如柑橘类常剥去部分花蕾和幼果。

（8）修根

多在移植和换盆时进行。实生苗移栽时剪断过长的主根，有利侧根的发生和生长。换盆时如遇死根、腐烂根应剪掉。过多的侧根、须根以及冗长的根均应剪除一些。

（9）整形

花卉的整形，包括设立支架、捆绑结扎、定向引诱等工作。通过整形，可使花卉的枝条分布合理，茎干固定，改善通风、透光条件，有利花卉的生长；通过整姿造形，还可使其按照个人的爱好，定向发展，提高观

赏价值。整形常用的材料有竹竿、竹片、树枝、铅丝、线绳等，整形的形态可按照个人的意愿和花卉的生长习性选定。

3. 修剪和整形的注意事项

修剪前要先看清花卉生长、开花、结果情况，然后决定修剪方法和修剪程度，做到"先看，后查，再剪"。如修剪过重，处理不当，幼龄花卉则不能迅速扩大树冠，成形较晚，推迟开花、结果；成年植株则会刺激主枝基部的潜伏芽大量萌发，消耗养料，推迟花期。修剪时要从大到小，先去大枝，然后修剪小枝。操作要细致，防止碰伤和撕裂树皮，不要留下一段残枝，要使切口与枝条分枝基部相平。短截时，还要注意芽的位置，一般选留外侧芽，不留内侧芽，剪口顶部要高出留芽 $2\sim3cm$。

整形要适时。太早，枝条过嫩，不便操作；太晚，枝条硬化，不易造形。要根据花卉的不同生长习性，早作整形规划，适时动手整形。

防治病虫害

为了满足业余养花的需要，各种分散小型包装的农药在花卉商店常有出售。同时，一些科研或生产单位已试制出一些适合家庭使用的盆花杀虫、灭菌药剂，为家庭养花防治病虫害提供了方便。现将常见的几种病虫害及其防治办法介绍如下：

1. 立枯病

立枯病又称猝倒病，常为害幼苗。病菌自根茎部侵入，受害处呈褐色病斑，表皮坏死，发病后，很短时间内全株倒伏、死亡。立枯病受真菌危害，靠土壤传播。当土温达20℃以上，湿度又大时，容易发病。

防治方法：

播种前对土壤进行消毒，量少可用锅蒸、炒，量多可用4%福尔马林或2%黑矾浇灌土壤，1周后再播种。

2. 白粉病

白粉病是最常见的一种病害，为害月季、瓜叶菊、大丽花、倒挂金钟等花卉的叶子、嫩枝，直至整株。当气温达18℃~30℃时，在湿度较大且又通风不良的地方易得此病。被害植株首先在叶片上出现黄点，然后长白毛，造成叶片内卷。

防治方法：

1）注意通风，控制湿度，加强光照，可防止白粉病发生。

2）发病前喷1%等量式波尔多液（配法附后）预防。

3）刚发病时要及时摘去病叶，烧掉，并将病株隔离观察。

4）发病后仍可喷1%等量式波尔多液，防止病情发展，或喷500~1000倍托布津或多菌灵除治。

3. 煤烟病

煤烟病为害茶花、柑橘、夹竹桃等大部分盆栽花卉。得病后导致花卉的枝叶及果实枯萎。初期叶表面出现暗褐色霉斑，逐渐扩大，形成黑色煤烟状霉层。煤烟病多在高湿条件下，伴随蚧壳虫、蚜虫的危害而发生。

防治方法：

1）通风透光，降低室内湿度。

2）首先防治蚧壳虫、蚜虫，则可杜绝煤烟病的滋生。

3）用清水冲洗受害部位。

4）喷等量式波尔多液或 500～1000 倍多菌灵。

5）喷 100 倍硫酸铜或 500 倍高锰酸钾。

4. 黄化病

黄化病又称缺绿病。它与以上 3 种病害有所不同，不属病菌侵染，而是由于营养失调引起的病态。在华北地区种植的酸性花木，如山茶、栀子、白兰花等，由于北方土壤及水质中含碱成分较多，使土壤中原来能为  植物吸收利用的铁离子，变为不能吸收的铁盐，造成土壤中生理缺铁而发生黄化病，使植物的光合作用受阻，最后导致死亡。

防治方法：

1）从南方引进的酸性花木，栽培时应用酸性土壤。

2）浇水时，夏季尽量用雨水；使用自来水，可加 0.2%白矾或黑矾，或每隔 7～10 天浇 1 次 2%～3%黑矾水。

53

5. 蚜虫

蚜虫是最常见的害虫，几乎为害所有的花卉，往往群集于花卉的幼嫩枝叶上，吸取营养，致使叶面卷曲、枯黄。蚜虫的排泄物有蜜露，又成为一些病菌的培养基，常招引蚂蚁，传染其他病害。

防治方法：

1）经常查看花卉的枝叶，发现后，少量时可用手捕捉。

2）喷 1000 ～ 2000 倍乐果（梅花、碧桃不能使用乐果，易造成早期落叶）。

6. 红蜘蛛

红蜘蛛体形小，红色，肉眼可以看到，在高温条件下生长最旺，常在叶下结网、掩体，为害多种花卉，以 6—8 月最盛，受害叶片变黄，严重时落叶，日久全株枯黄，甚至死亡。

防治方法：

1）经常检查花卉，尤其是叶子的背面，及时发现害虫，若叶片发黄才发现，则为时已晚，打药也不易挽救被害叶片。

2）增加湿度和适当通风，可减少红蜘蛛的滋生。

3）喷 1500 ～ 2000 倍乐果（梅花、碧桃除外），或 1500 ～ 2000 倍敌敌畏。

7. 线虫

线虫线状，白色，体形小，肉眼看不清楚，主要在土壤中为害花卉的根、球根、鳞茎以及扦插的插条。受害植株生长衰弱，根部出现瘤状物，甚至腐烂，受到侵害的插条常腐烂死亡。

防治方法：

1）盆土用锅蒸、炒消毒。

2）用 1500 ～ 2000 倍乐果或敌敌畏浇入土中。

8. 粉虱

粉虱又称"小白蛾"，近年来，在石家庄、北京等地活动猖獗，多种花卉遭受危害。其幼虫、成虫均可吮吸植株的叶片组织。严重时叶片枯死、脱落，它的排泄物又常导致煤烟病的发生。

防治方法：

1）用1000倍乐果喷杀（梅花、碧桃除外）。

2）喷1000～1500倍敌敌畏。为了彻底将其消灭，可每隔7～10天喷药1次，连续3～5次。

9. 蚧壳虫

蚧壳虫种类繁多，为害多种花卉，受害植株生长缓慢，枝叶枯黄。蚧壳虫排泄糖液和蜡质，堵塞叶面气孔，因而又常带来煤烟病。蚧壳虫是一种非常难以除治的害虫，在家庭条件下，不易使用剧毒农药，因而防治方法以人工捕杀为主。

蚧壳虫常为害木本花卉的枝叶和果实，应注意经常检查。

10. 蚯蚓

在农业生产上，蚯蚓有疏松土壤的作用，但在盆栽花卉中，由于它的频繁活动，常使根系受到损害，不利于花卉的生长发育。

防治方法：

1）一经发现，立即捕杀。

2）用1500～2000倍乐果浇灌，每周1～2次，连续4～5次。

3）诱杀。夏季，在傍晚将马粪盖在盆土的表面2～3cm，第二天清晨，迅速把马粪倒出，将潜入其中的蚯蚓杀掉，连续数次，可将大部诱杀。

11. 家养盆花防治虫害的简易办法

蚜虫、红蜘蛛、粉虱（小白蛾）等几种害虫，在华北地区极为普遍，特别是在一些中小城镇，由于受街道树木虫害的蔓延和市郊农业环境的影响，许多盆栽花卉一年多次发生蚜虫、红蜘蛛为害。而一般家庭又没有园艺生产上所具备的药械。现介绍几种比较简易的防治虫害的办法，可根据家庭情况采用。

1）取烟叶或烟梗 10g，加水 1kg，煮沸，用其清液可喷杀蚜虫、红蜘蛛等害虫。

2）夹竹桃全株有毒，将其枝叶切碎，加水煮沸半小时，滤液可以喷杀蚜虫、粉虱，也可以浇入盆内防治根蛆、线虫等地下害虫。

3）用干辣椒 20g，加水 1kg 煮沸，用其清液可喷杀红蜘蛛、蚜虫、粉虱等害虫。

4）把臭椿叶子剪碎，加水 10~15 倍，煮沸 1 小时，将其滤液灌入喷雾器内，可以喷杀蚜虫。

5）取一根小木棍，一端捆上小棉球，蘸敌敌畏药液，将另一端插在受害植株的盆中，害虫很快会被杀死。如果虫害比较严重，再用一个塑料袋把花盆套上，经 4~5 小时，害虫会被熏死。

6）如果有数棵花卉同时遭受虫害，可在夜间将受害盆花，搬到厕所、卫生间等处，把门窗关闭，向地面滴洒敌敌畏药液。一夜时间，害虫会被熏死。

7）将洗衣粉加水 1000~1200 倍，可以用来防治蚜虫、红蜘蛛、粉虱、蚧壳虫等多种害虫。

8）如果家中备有家用喷雾器，一般装水量约 125mL。用来喷杀害虫时，每次滴入药液 2~3 滴，浓度为 0.1% 左右。如防治效果不好，可增加药液的含量，由 2~3 滴增至 4~5 滴。

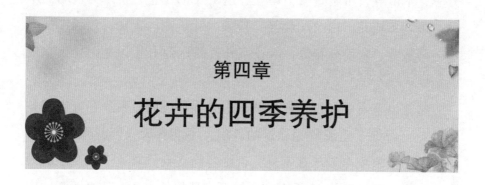

第四章

花卉的四季养护

春季养护要点

57

1. 适时出室，避免寒害

早春天气乍暖还寒，气温多变，此时将刚刚苏醒而萌芽展叶的花卉，或是正处于孕蕾期，或正在挂果的原产热带或亚热带的花卉搬到室外养护，若遇到晚霜或寒流侵袭极易受冻害，轻者嫩芽、嫩叶、嫩梢被寒风吹焦或受冻伤，重者突然大量落叶，整株死亡。因此盆花春季出室宜稍迟些而不能过早，宜缓不宜急。正常年份，黄河以南和长江中、下游地区，盆花出室时间一般以清明至谷雨间为宜；黄河以北地区，盆花出室时

间一般以谷雨到立夏之间为宜。对于原产北方的花卉可于谷雨前后陆续出室。对于原产南方的花卉以立夏前后出室较为安全。根据花卉的抗寒能力大小先后出室，如抗寒能力强的迎春、梅花、蜡梅、月季、木瓜等，可于昼夜平均气温达15℃时出室；抗寒力较弱的米兰、茉莉、桂花、白兰、含笑、扶桑、叶子花、金橘、代代、仙人球、蟹爪兰、令箭荷花等，应在室外气温达到18℃以上时再出室较为稳妥。

盆花出室需要经过一段逐渐适应外界环境的过程。在室内越冬的盆花已习惯了室温较为稳定的环境，不能春天一到就骤然出室，更不能一出室就全天放在室外，否则容易受到低温或干旱风等的为害。一般应在出室前10天左右采取开窗通风的方法，使之逐渐适应外界气温；也可以上午出室，下午进室；阴天出室；起风天不出室。出室后放在避风向阳地方，每天中午前后用清水喷洗1次枝叶，并保持盆土湿润（切忌浇水过多）。遇到恶劣天气（寒流、大风等）应及时将其搬入室内。

2. 巧用肥水，生长健壮

盆花冬季在室内经过漫长时间的越冬生活，生长势减弱，刚萌发的新芽、嫩叶、嫩枝或是幼苗根系均较娇嫩，如果此时施农肥或生肥，极易遭受肥害，"烧死"嫩芽枝梢，因此早春给花卉施肥，应掌握"薄肥少施，逐渐增加"的原则。早春应施充分腐熟的稀薄饼肥水，因为这类肥料肥效较持久，且可改良土壤。施次数要由少到多，一般以每隔10～15天施1次为宜。春季施肥时间宜在晴天傍晚进行。施肥时要注意以下4点：一是施肥前1～2天不要浇水，使盆土略干，以利吸肥。二是施肥前要先松土，以利肥液下渗。三是肥液要顶盆沿施下，避免沾污枝叶以及根颈，否则易造成肥害。四是施肥后次日上午要及时浇水，并适时松土，使盆土通气良好，以利根系发育。

对刚出苗的幼小植株或新上盆、换盆、根系尚未恢复以及根系发育不好的病株，均应暂停施肥。

早春浇水也要注意适量，不可一下子浇得过多。这是因为早春许多花卉刚刚复苏，开始萌芽展叶，需水量不多，再加上此时气温不高，蒸发量少，因此宜少浇水。如果早春浇水过

多，盆土长期潮湿，就会导致土中缺氧，易引起烂根、落叶、落花、落果，严重的也会造成整株死亡。晚春气温较高，阳光较强，蒸发量较大，浇水宜勤，水量也要增多。总之，春季给盆花浇水次数和浇水量要掌握"不干不浇，浇必浇透"的原则，切忌盆内积水。春季浇水时间宜在午前进行，每次浇水后都要及时松土，使盆土通气良好。对于春季气候干燥、常刮干旱风的地区注意经常向枝叶上喷水，增加空气湿度。

3. 适期换盆，花繁叶茂

盆栽花卉如果栽后长期不换土、换盆，就会使根系拥塞盘结在一起，致使土中营养缺乏，土壤性质变坏，造成植株生长衰弱，叶色泛黄，不开花或很少开花，不结果或少结果等不良现象。

如何做好换盆工作呢？首先要掌握好换盆的时间。怎样判断盆花是否需要换盆呢？一般地说，盆底排水孔有许多幼根伸出，说明盆内根系已很拥挤，到了该换盆的时间。为了准确起见，可将花株从盆内磕出，如果土坨表面缠满了细根，盘根错节地相互交织呈毛毡状，则表示需要换盆。若为幼株，根系逐渐布满盆内，需换入较大一号的盆，以便增加新的培养土，扩大营养面积；如果花卉植株

已成形，只是因栽培时间过久，养分缺乏，土质变劣，需要更新土壤的，添加新的培养土后，一般仍可栽在原盆中，也可视情况栽入较大的盆内。换盆的时间，多数花卉宜在休眠期和新芽萌动之前的三四月间换盆为好（早春开花者，以在花后换盆为宜），至于换盆次数则依花卉生长习性而异。许多一二年生花卉，由于生长迅速，一般在其生长过程中需要换 2~3 次盆，最后 1 次换盆称为定植。多数宿根花卉宜每年换盆、换土 1 次；生长较快的木本花卉也宜每年换盆 1 次，如扶桑、月季、一品红等；而生长较慢的木本花卉和多年生草花，可 2~3 年换 2 次盆，如山茶、杜鹃、梅花、桂花、兰花等。换盆前 1~2 天不要浇水，以便使盆土与盆壁脱离。换盆时将植株从盆内磕出（注意尽量不使土坨散开），用花铲去掉花苗周围约 50% 旧土，剪除枯根、腐烂根、病虫根和少量卷曲根。栽植前先将盆底排水孔盖上双层塑料窗纱或两块碎瓦片（搭成"人"字形），既利于排水透气，又可防止害虫钻入。上面再放一层厚 3~5cm 的颗粒状的炉灰渣或粗沙，以利排水。然后施入基肥，其上再放一层新的培养土，随即将带土坨的花株置于盆的中央，慢慢填入新的培养土，边填土边用细竹签将盆土反复插实（注意不能伤根），栽植深浅以维持在原来埋土的根颈处为宜。土面到盆沿最好留有 2~3cm 距离，以利日后浇水、施肥和松土。花株栽好后用喷壶浇透水，放半阴处缓苗。缓苗期间不要施肥并节制浇水，否则土壤过度潮湿会影响成活。待萌发新叶、新根后即可按照花卉的生长习性进行浇水、施肥和给予适宜的光照。

4. 正确修剪，花多果硕

养好花"七分靠管，三分靠剪"的花谚，是养花行家经验之谈。修剪一年四季都要进行，但各季应有所侧重。春季修剪的重点是根据不同种类花卉的生长特性进行剪枝、剪根、摘心及摘叶等各项工作。对一年生枝条上开花的月季、扶桑、一品红等可于早春进行重剪，疏去枯枝、病虫枝以及影响通风透光的过密枝条，而保留的枝条一般只保留枝条基部2~3个芽进行短截，例如早春要对一品红老枝的枝干进行重剪，每个侧枝基部只留两三个芽，将上部枝条全部剪去，促其萌发新的枝条。修剪时要注意将剪口芽留在外侧，这样萌发新枝后树冠丰满，开花繁茂。对在二年生枝条上开花的杜鹃、山茶、栀子等，不能过分修剪，以轻度修剪为宜，通常只剪去病残枝、过密枝，以免影响日后开花。究竟哪些花卉应重剪，哪些宜轻剪？一般地讲，凡生长迅速、枝条再生能力强的种类应重剪，生长缓慢、枝条再生能力弱的种类只能轻剪，或只疏剪过密枝和病弱残枝。对观果类花木，如金橘、四季橘、代代等，剪时要注意保留其结果枝，并使坐果位置分布均匀。对于许多草本花卉，如秋海棠、彩叶草、矮牵牛等，长到一定高度，将其嫩枝顶部摘除，促使其萌发侧枝，以利株形矮壮、多开花。茉莉在剪枝、换盆之前，常常摘除老叶，以利促发新枝、新叶，增加开花数目。此外，早春换盆时应将多余的和卷曲的根适当疏剪，以利促发更多的须根。

5. 及早治虫，防止受害

春季随着气温的回升，为害花卉的害虫也日益增多。春季常见的害虫有各种蚜虫、红蜘蛛、粉虱、蚧壳虫、地下害虫等，应及时做好防治工作。详见本书前面有关内容。

夏季养护要点

1. 光照适宜，防止暴晒

一般喜光照充足的花卉，如月季、石榴、桂花、茉莉、梅花、

牡丹、一品红、变叶木、菊花、大丽花、米兰、白兰、扶桑、紫薇、金橘及水生花卉、仙人掌类花卉等，春季出室后要放在阳光充足处养护，但到了盛夏，也需移至略有遮阴处，防止强光暴晒。

一般阴性或喜阴花卉，如兰花、龟背竹、吊兰、文竹、山茶、杜鹃、常春藤、栀子、万年青、秋海棠、棕竹、南天竹、一叶兰、蕨类以及君子兰等，夏季宜放在通风良好、荫蔽度为 50%～80% 的环境条件下养护，若受到强光直射，就会造成枝叶枯黄，甚至死亡。这类花卉夏季最好放在朝东、朝北的窗台上，或放置在室内通风良好的具有明亮散射光处培养，也可用芦苇或竹帘搭设荫棚，将花盆放荫棚下养护，这样即可减弱光照强度，以利花卉健壮生长。

2. 降温增湿，注意通风

温度是花卉生育的必需条件，不同花卉由于受原产地自然气候条件的长期影响，形成了特有的最适、最高和最低温度。对于多数花卉来说，其生育适温为 20℃～30℃。中国多数地区夏季最高温度均可达到 30℃以上，当温度超过花卉生育的最高限度时，花卉的正常生命活动就会受阻，造成植株矮小，叶片局部灼伤，花量减少，花期缩短。许多花卉夏季开花少或不开花，高温影响其正常生育是一个重要原因。

原产热带、亚热带的花卉，如含笑、山茶、杜鹃、兰花等，长期生长在温暖湿润的海洋性气候条件下，在其生育过程中形成了特殊的喜欢空气湿润的生态要求；一般要求空气湿度不能低于 80%。

若能在养护中满足其空气湿度的要求，则生育良好，否则就易出现生长不良，叶缘干枯，嫩叶焦枯等现象。

在一般家庭条件下，夏季降温增湿的方法，主要有以下 4 种：

1）喷水降温：夏季在正常浇水的同时，可根据不同花卉对空气湿度的不同要求，每天向枝叶上喷水 2～3 次，同时向花盆地面洒水 1～2 次。

2）铺沙降温：可在北面或东面的阳台上铺上一厚层粗沙，然后把花盆放在沙面上，夏季每天往沙面上洒 1～2 次清水，利用沙子中的水分吸收空气中的热量，即可达到降温增湿的目的。

3）水池降温：可将一块硬杂木或水泥预制板，放在盛有冷水的水槽上面，再把花盆置于木板或水泥板上，每天加 1 次水，水分受热后不断蒸发，既可增加空气湿度，又能降低气温。

4）吹风降温：将花盆放室内通风良好而又具有散射光处，每天喷 1～2 次清水，利用电扇吹风降温。

63

3. 合理浇水，恰当施肥

夏季气温高，蒸发快，植株蒸腾作用也强，花卉需水量较多，因此对于大多数花卉来说，都应给予充足的水分供应。至于夏季浇水量应如何掌握？要根据花卉种类、植株大小、盆土实际干湿情况而定。一般草本花卉本身含水量多，蒸腾强度大，浇水宜多，木本花卉浇水可适当少一些。在通常情况下，一般花卉宜每天浇 1～2 次透水，千万不能浇半截水，否则会使叶片蜷缩发黄，时间长了整株就会枯死。夏天浇花最好用雨水，或先将自来水晾晒 1 天。浇水时间以早晨和傍晚为宜，切忌中午浇冷水，因为此时气温很高，叶面气温可达 38℃左右，不仅蒸腾作用强，同时水分蒸发也快，猛然间冷水一刺激，导致叶面萎蔫，使叶片焦枯，严重时会引起整个植株死亡，这一现象在一些草花中较为明显。若在花卉孕蕾、开花、坐果初期，炎夏中午浇了冷水，也易造成落蕾、落花、落果现象。

在这里需要特别提到的是，炎夏由于土温高，阵雨过后必须及时浇水，以排除盆土内的高湿、闷热，降低盆土温度；暴雨后盆内积水，应立即倾到出，或用竹签将盆土扎若干小孔（注意勿伤根），让水从盆底排水孔流出，以免烂根。

夏季给盆花施肥，应掌握"薄肥勤施"的原则，施肥浓度过大易造成烂根。一般生长旺盛的花卉每隔10～15天施1次稀薄液肥。施肥应在晴天盆土较干燥时进行，因为湿土施肥易烂根。施肥时间宜在渐凉后的傍晚，施肥次日要浇1次水，并及时进行松土，使土壤通气良好，以利根系发育。施肥种类因花卉而异。不同类型的花卉，宜侧重施哪些种类的肥料，详见本篇"合理施肥"部分，这里不再复述。

盆花在养护过程中若发现植株矮小细弱，分枝小，叶色淡黄，这是缺氮肥的表现，应及时补以氮肥；如植株生长缓慢，叶片卷曲，植株矮小，根系不发达，多为缺磷所致，应补充以磷肥为主的肥料；若叶缘、叶尖发黄（先老叶后新叶），进而变褐脱落，茎秆柔软易弯曲，多系缺钾所致，应追施钾肥。

4. 休眠花卉，安全度夏

有些花卉，例如仙客来、倒挂金钟、四季秋海棠、水仙、天竺葵、花叶芋、君子兰、小苍兰、大岩桐、郁金香、令箭荷花等，到了夏季高温季节即进入半休眠或休眠状态，表现出生长速度下降或暂停生长，以抵御外界不良环境条件的为害。为使这类花卉安全度过夏眠期，须针对它们休眠期的生理特点，采取相应措施精心护理。

主要措施有：

（1）遮阳避雨

入夏后将休眠花卉移至阴凉而又通风处，避免阳光直射和防止雨淋，否则容易造成烂根，甚至全株死亡。

（2）严格控制浇水

休眠期间浇水过多，盆土久湿，极易烂根；浇水过少，盆土太干，又易使根系萎缩，因此浇水以保持盆土略湿润为宜，但需经常向枝叶上喷水和花盆周围地面上洒水，使之形成湿润凉爽的小气候，以有利于休眠。但对叶面上生有绒毛的大岩桐等花卉以及花芽对水敏感的仙客来等，不宜向叶面或叶心处喷水。

（3）停止施肥

由于休眠期间花卉的生理活动极微弱，因而不需要肥料，若施肥则易引起烂根，乃至整株死亡。

65

5. 修剪整形，防止徒长

许多花卉进入夏季以后常易出现徒长，影响开花结果。为保持株形优美，花多果硕，需要进行修剪整形。

夏季修剪一般是以摘心、抹芽、除叶、疏蕾、疏果等措施为主要内容。

（1）摘心

一些草花，如四季海棠、倒挂金钟、一串红、菊花、荷兰菊、早小菊等，长到一定高度时将其顶端掐去，促其多发枝、多开花。一些木本花卉，如金橘等，当年生枝条长到5~20cm时也要摘心，以利多结果。

（2）抹芽

夏季许多花卉常从茎基部或分枝上萌生不定芽，应及时抹除，以免消耗养分，扰乱株形。

（3）除叶

一些观叶花卉宜适当剪掉老叶，促发新叶，以使叶色更加鲜嫩秀美。

（4）疏蕾、疏果

对以观花为主的花卉，如大丽花、菊花、月季等应及时疏除过多的花蕾；对观果类花卉，如金橘、石榴、佛手等，当幼果长到直径约1厘米时要疏除多余幼果。此外，对于一些不能结籽或不准备收种子的花卉，花凋谢后应及时剪除残花，以减少养分消耗。

（5）整形

对一品红、梅花、碧桃、虎刺梅等花卉，常于夏季把各个侧枝折弯整形，以使株形丰满优美。

6. 防病治虫，综合治理

夏季气温高，湿度大，易发生病虫害，应本着"预防为主，综合防治"和"治早、治小、治了"的原则，做好防治工作，确保花卉健壮生长。

夏季常见的病害主要有白粉病、炭疽病、灰霉病、叶斑病、线虫病、细菌性软腐病等，各类病害为害的花卉及防治方法等已在前面病害部分作过介绍，这里不再重述；夏季常见的害虫有刺吸式口器和咀嚼式口器两大类害虫。前者主要有蚜虫、红蜘蛛、粉虱、蚧壳虫等；后者主要有蛾、蝶类幼虫，各种甲虫以及地下害虫等。上述主要虫害的防治方法也已在前面有关部分作过介绍，不再赘述。

夏季气温高，农药易挥发，加之高温时人体的散发动能增强，皮肤的吸收量增大，故毒物容易进入人体而中毒，因此夏季施药，宜将花盆搬至室外，于早晚进行。

秋季养护要点

1. 水肥供应，区别对待

进入秋季，正是大多数花卉一年中第三个生长旺盛期，因此水肥供给充足，才能苗壮生长，开花结果。到了深秋之后，天气变冷，水肥供应要逐步减少，防止枝叶徒长，以利提高抗寒能力。具体地讲，对一些观叶类花卉，如文竹、吊兰、龟背竹、橡皮树、棕竹、苏铁等，一般可每隔半个月左右施1次腐熟稀薄饼肥水或以氮肥为主的化肥。对1年开花1次的梅花、蜡梅、山茶、杜鹃、迎春等，应及时追施以磷肥为主的液肥，以免养分不足，导致翌春花小而少甚至落蕾。盆菊从孕蕾开始至开花前，一般宜每周施1次稀薄饼肥水，含苞待放时加施1~2次0.2%磷酸二氢钾溶液。盆栽桂花，入秋后施入以磷为主的腐熟稀薄的饼肥水、鱼杂水或淘米水。对一年开花多次的月季、米兰、茉莉、石榴、四季海棠等，应继续加强肥水管理，使其花开不断。对一些观果类花卉，如金橘、佛手、果石榴等，应继续施2~3次以磷钾肥为主的稀薄液肥，促使果实丰满，色泽艳丽。对一些夏季休眠或半休眠的花卉，如仙客来、倒挂金钟、马蹄莲等，初秋便可换盆换土，盆中加入底肥，按照每种花卉生态习性，进行水肥管理；北方地区10月份天气已逐渐变冷，大多数花卉就不再施肥了。除对冬季或早春开花以及秋播草花等

可根据实际需要继续进行正常浇水外，对于其他花卉应逐渐减少浇水量和浇水次数，盆土不干就不要浇水，以免水肥过多导致枝叶徒长，影响花芽分化和遭受冻害。

2. 摘心除蕾，剪枝摘叶

（1）及时摘心

初秋，气温在20℃左右，大多数花卉萌发的嫩枝较多，除根据需要保留部分外，其余的均应及早剪除，以减少养分消耗。对于保留的嫩枝也应及时摘心，促使枝干生长充实。

（2）适期除蕾疏果

菊花、大丽花、月季、茉莉等，秋季现蕾后待花蕾长到一定大小时，除保留顶端1个长势良好的大蕾外，其余侧蕾均应摘除。金橘等观果花木若夏果已经坐住，在剪除秋梢的同时，要将秋季孕育的花蕾及时除去，以利夏果发育良好，当果实长到蚕豆粒大小时还要疏果。

（3）及时短剪

茉莉、月季、大丽花等在新生枝条上开花的花木，北方地区入秋以后还要继续开一次花，应及时进行适当短剪，以利促发新枝，届时开花；此外，秋天要注意及时摘除花木上的黄叶及病虫叶，并集中销毁，以防病虫蔓延。对于观叶植物上的老叶、伤残叶片，也要注意及时摘除，促发新叶，方能保持其观赏价值。

3. 及时采种，妥善储藏

盆栽草花，如半支莲、茑萝、桔梗、芍药、一串红等，以及部分木本花卉，如玉兰、紫荆、紫藤、蜡梅、金银花、凌霄等的种子均在秋季成熟，要随熟随收。采收后及时晒干，脱粒，除去杂物后选出籽粒饱满、粒形整齐、无病虫害、具有本品种特征的种子，放室内通风、阴暗、干燥、低温（一般在 1℃～3℃）的地方储藏。一般种子可装入用纱布缝制的布袋内，挂在室内通风低温处。但切忌将种子装入封严的塑料袋内储藏，以免因缺氧而窒息，降低或丧失发芽能力。对于一些种皮较厚的种子，如牡丹、芍药、蜡梅、玉兰、广玉兰、含笑、五针松等采收后宜将种子用湿沙土埋好，进行层积沙藏（即在储藏室地面上先铺下层厚约 10cm 的河沙，再铺一层种子，如此反覆铺 3～5 层，种子和湿河沙的质量比约为 1∶3，沙土含水量约为 15%，室温为 0℃～5℃），以利来年发芽。此外，睡莲、王莲的种子必须泡在水中储存，水温以保持在 5℃左右为宜。

4. 秋播秋种，不违花时

一年生或多年生作一二年生栽培的草花，如金鱼草、石竹、雏菊、矢车菊、桂竹香、紫罗兰、羽衣甘蓝、美女樱、矮牵牛等和部分温室花卉及一些木本花卉，如南天竹、紫薇、丁香等，以及采收后易丧失发芽力的非洲菊、飞燕草、樱草类、秋海棠类等花卉都宜进行秋播。牡丹、芍药以及郁金香、风信子等球根花卉宜于中秋季节栽种。盆栽后放在 3℃～5℃的低温室内越冬，使其接受低温锻炼，以利来年开花。

5. 适时入室，以防受冻

由于花卉种类繁多，每种花卉的抗寒能力不同，故入室时间因花而异。就一般花卉而言，在不至于使花卉受冻伤的前提下，最好稍迟一些时间入室为好。此时可将盆花移至阳台或庭院背风向阳处，使其经过一段低温锻炼，这对多数花卉都是有益的。文竹、扶桑、鹤望兰、一品红、变叶木、仙客来、倒挂金钟、万年青、橡皮树、秋海棠类、仙人掌类与多肉植物等不耐寒花卉，当气温降到 10℃左右时入室为宜；米兰、茉莉、山茶、含笑、杜鹃、瑞香、金橘等，

69

气温降到5℃左右入室为好。上述花卉入室后若遇到气温突然回升，仍需搬到室外。天冷以后可不再来回搬动。盆栽石榴、无花果、月季等若先在-5℃条件下冷冻一段时间，促使其休眠，然后再搬入冷室（0℃）保存更好，以利来年生长发育。盆花入室初期要注意开窗通风，以免因室内温度高造成徒长，影响来年正常生育。

🌸 冬季养护要点

中国北方冬季漫长，天气寒冷，气候干燥，多数盆花需入室养护。但如不分品种仍按照其他季节一样管理，往往容易使植株生病受害，严重时整株死亡。对于多数花卉来说，冬季管理的中心问题是根据各类花卉的生长发育特性，创造其适宜的生活环境，防止受冻害，使其安全过冬，为来年更好地生长发育打好基础。对于少数冬季和早春开花的花卉，则应使其继续正常生长，以便届时开花。要做到这些，需要抓好以下4个方面的工作。

1. 适宜光照，通风换气

盆栽花卉到了深秋或初冬，要陆续搬进室内，在室内放置的位

置要考虑到花卉的特性。通常冬春季开花的花卉，如仙客来、蟹爪兰、水仙、山茶、一品红等和秋播的草木花卉，如香石竹、金鱼草等，以及性喜强光高温的花卉，如米兰、茉莉、栀子、白兰花等南方花卉，均应放在窗台或靠近窗台的阳光充足处；性喜阳光但能耐低温或处休眠状态的花卉，如文竹、月季、石榴、桂花、金橘、

夹竹桃、令箭荷花、仙人掌类等，可放在有散射光的地方；其他能耐低温且已落叶或对光线要求不严格的花卉，可放在没有阳光的较阴冷处。需要注意的是，不要将盆花放在窗口漏风处，以免冷风直接吹袭受冻，也不能直接放在暖气片上或煤炉附近，以免温度过高灼伤叶片或烫伤根系；另外，室内要保持空气流通，在气温较高或晴天的中午应打开窗户，通风换气，以减少病虫害的发生。

2. 控制肥水，避免早发

冬季多数花卉进入休眠或半休眠期，或是新陈代谢极为缓慢，是要求肥水极少的时期，因此除了秋冬或早春开花的花卉以及一些秋播的草本盆花，根据实际需要可继续浇水施肥外，其余盆花都应严格控制肥水。处于休眠或半休眠状态的花卉则应停止施肥。盆土如果不是太干，就不要浇水，尤其是耐阴或放在室内较阴冷处的盆花，更要避免因浇水过多而引起烂根、落叶；梅花、金橘、杜鹃等木本盆花也应控制肥水，以免造成幼枝徒长，影响花芽分化和减弱抗寒力。多肉植物需停肥并少浇水，整个冬季基本上保持盆土干燥，或约每月浇 1 次水。没有加温设备的家庭环境更应减少浇水量和浇水次数，使盆土保持适度干燥，以免烂根或受冻害。

冬季浇水宜在中午前后进行，不要在傍晚浇水，以免盆土过湿，夜晚寒冷而使根部受冻。浇花用的自来水一定要经过 1~2 天日晒才能使用。若水温与室温相差 10℃ 以上很容易伤根。

3. 增湿防尘，枝叶清新

北方冬季室内空气干燥，极易引起喜空气湿润花卉叶片干尖或落花落蕾，因此越冬期间应经常用接近室温的清水喷洗枝叶，以增加空气湿度。另外，盆花在室内摆放过久，叶面上常会覆盖一层灰尘，用煤炉取暖的房间尤为严重，既影响花卉进行光合作用，又有碍观赏，因此要及时清洗。可用镊子夹住一小块泡沫塑料或海绵等物，蘸上少量稀薄中性洗衣粉慢慢刷洗叶片，然后再用清水将洗衣粉剩残液淋洗净，任其自然风干即可。

4. 保温防寒，安全越冬

原产热带、亚热带的花卉大都有喜温暖畏寒冷的习性，当气温降到0℃时就会受冻害，因此要养好这类花卉，冬季严寒地区必须做好防寒保温工作。对于住房并不宽裕而又养较多花卉的家庭来说，需要自己动手，制作简易的保温防寒棚室等。

（1）简易保温箱

如居室面积较大，可自制简易保温箱，制作方法很简单。先用硬木条或角铁做一个高160cm、宽80cm、厚50cm左右的箱筐，再用粗铅丝编制成两个网格式托板安放在筐内，在托板上分别放入花盆，并在箱的底部放1个小水盆和安装两个40W的白炽电灯泡，最后在箱的外面罩上塑料薄膜，将其放在室内人不常走动的地方。这种简易保温箱除有保温作用外，还可提高湿度和增加光度，对性喜湿润的花卉安全越冬和继续生长均十分有益。

（2）简易小暖棚

在向南阳台上用竹弓搭一个简易小棚，棚的要求是前低后高，上面和四周均用双层塑料薄膜覆盖，底部用砖块压紧。寒冷天气夜晚覆盖草帘或旧毛毯保温。一入冬后可将较耐低温的花木，如月季、石榴、牡丹、松柏类放入棚内越冬。

（3）半地下式简易小温室

在庭院里选背风向阳的地方，做成宽3~4m、长5~7m的小温室。具体做法是：先在两边挖出约深50cm的沟，再按花盆大小由两边向中央逐层挖成梯坎，最低处作走道。在上部搭起人字形架，约高于地面60cm。层顶分内外两层，层间相距约15cm，每层绷上塑料薄膜，四周用土封严、压实，以免被风刮开。在东侧开一小门，若温度过高时，可以打开一条缝，进行通风散热。这种小温室在北京地区冬季温度可以保持在5℃左右。一般喜中温的花卉，如茉莉、栀子、白兰花、洋绣球、叶子花、梅花、金橘、桂花、夹竹桃等，都能在此种环境下安全越冬。

盆花何时进房好

霜降后，应将原产热带、亚热带的不耐寒花卉盆株移入室内。有些养花者常常把盆花过早地移入室内保暖，实际上这种做法对花卉的越冬是十分不利的。让盆花在越冬前有一个时期的低温锻炼，能使花卉自身的抗寒潜力得到发挥，可以明显地提高花卉对耐寒的适应能力，因而有利于提高它们的抗寒能力。

由于各种花卉对低温的忍耐能力不同，所以掌握花卉适宜的入室时间，必须了解这些花卉安全越冬的温度要求，待气温降低至花卉安全越冬的最低温度时，才把盆株移入室内。常见的花卉忍耐低温是：棕竹、苏铁、蒲葵、蜘蛛抱蛋、八角金盘、桃叶珊瑚为0℃；袖珍椰子为3℃；龟背竹、冷水花、橡皮树、垂叶榕、酒瓶兰为5℃；密叶朱蕉为8℃；兔足斑纹竹芋为10℃；变叶木为12℃等。君子兰过早入室还会影响开花，要使君子兰正常开花，必须使其在花前经过一个低温的阶段，即让它在4℃左右的低温下处理约10天，然后移入室内，才能使君子兰开花正常和花色鲜艳。柑橘类则在气温降低至0℃前入室为好。

当然，如花卉栽培数量大时，应

在霜降后即着手安排移入室内的工作，以免寒流侵袭时因来不及移入室内而造成不必要的损害。

盆花出房要适时过渡。清明后，暖空气势力越来越强，气温明显升高，此时应将室内的花卉移至室外。室内越冬的花卉在出房前必须经过一段时间的适应性锻炼。可在白天气温高时，将门窗打开；待晚上寒冷时再把门窗关上。以后随着气温的回升，逐渐延长门窗开启的时间，以降低室内温度，缩小室内外的温差，逐步提高盆花对室外环境的适应能力。

二三月春寒谨防花木"感冒"

喜暖花卉的受冻，常常不是在严寒的冬天，而是气温开始回升的早春。因为花卉在寒冬时期处于休眠的状态，因而对低温具有一定的抗性，随着早春气温的升高，花卉的休眠逐渐解除并开始复苏，对低温的忍耐能力也逐渐减弱；同时，花卉经过一个漫长的冬季，植株的生长力比较虚弱，生理功能也明显衰退；加上春天的气温虽然逐渐回升，但乍暖还寒，所以如果天气稍一暖和就认为冬天已过，把盆花过早地移出室外，此时若遇到晚霜或寒流袭击，即使是温度不低，花卉也会由于不适应外界温度的剧烈变化而"感冒"，甚至遭受严重冻害致死。

如果在早春将盆花搬出晒太阳，应采取一定的保险措施。可用塑料袋将花盆罩住后，摆到室外放一段时间。为了便于通风，防止罩内温度过高，应在塑料袋上扎几个通气孔。

第五章

各类花卉的种植技巧

木本花卉

1.梅花

◉ **繁殖及栽培**

（1）繁殖

梅花繁殖主要采用嫁接方法，也可用扦插、播种。播种法只在培养砧木和培养品种时才采用。扦插繁殖成活率一般为 20%~30%，也不常采用。

嫁接方法可在春季发芽前进行，用切接或腹接法。秋分前后进行腹接也可。接穗选用一年生健壮枝条，去顶掐尾用枝条的中、上部，在砧木离地面 4~5cm 处剪断并进行枝接，接后培土高出接穗

2~3cm。经过月余后进行检查，并清除砧木上萌发的芽，接活后不要过早扒平培土，以免碰落接穗而造成新芽被风吹折。

梅花嫁接法还可于7—8月间进行芽接，选取充实饱满的芽作接芽。芽接高度一般宜靠砧木基部6~7cm处。枝条下垂的品种，接位较高，在砧木长30~40cm处。芽接后10天检查，凡叶柄一触即落或已经脱落，接芽绿色，则证明已经成活。

嫁接常用的砧木，可用桃、李、杏、实生梅（梅种子播种后生长的苗）。桃砧耐干旱忌积水；杏砧能使花色添浓；李砧耐水湿，短期受渍不至死亡，但根际多萌蘖，管理麻烦。

（2）栽培

1）土壤：盆栽宜选用疏松肥沃的沙质壤土掺些腐熟饼肥。在春季选择将近花期的植株趁新叶未展开时带土球上盆。

2）浇水：梅花喜湿怕涝，对水分要求较高。对于梅树来说，从花芽分化到来年花蕾开放期间，遇干旱应适当浇水，保持土壤湿润，促进花芽顺利生长。落叶后，若土壤不干燥则不必浇水，但隆冬和初春花期比其他落叶休眠类花木生长的土壤要稍湿润一些，不宜过分干旱。

盆栽梅花对水分反应较敏感，过湿过干都会影响根系生长，引起落叶和花芽发育不良。盆梅异常落叶，多半是由于浇水不当，且主要又是浇水过多引起。较为合理的浇水方法是：早春换盆时浇透水一次，4月出室后，见盆土表面干了浇透水一次，不干则不浇。夏天每日浇两次水并于傍晚在盆周围地面洒水，提高空气湿度。约到6月底，当新枝条长到20~25cm时，须适当"扣水"（即不浇水），等嫩梢出现萎蔫时再浇六七成水，如此反复，即能控制新梢伸长，促进花芽分化。入秋以后，天气渐凉，适当减少浇水量，一般每隔1~2天浇1次透水。冬季严格控制浇水，到初春绽蕾前，适当增加浇水量。

梅花盆景管理要求较高，平时盆土切忌过湿，以免积水烂根，造成桩头枯萎死亡。常给叶面和干枝喷洒水雾，对衰老桩景有护叶养根、延年益寿的作用。

梅花用水最好是雨水。如果是自来水，应储存 1～2 天，让氯气挥发再用。

3）施肥：梅花不喜肥。但对于盆栽植株，由于根系受到限制，除春季上盆和换盆要施加底肥外，生长期内应追施 1～2 次肥，主要是腐熟的薄液肥。秋季孕蕾期要停施氮肥，增施少量速效磷肥。

4）修剪：梅花萌芽力强，易抽枝，故不注意修剪整形会使树姿杂乱，而且梅花是在当年生新梢上形成花芽，而长枝一般花芽很少，故应及时修剪。修剪通常在花后进行，树势强的或幼龄树，要轻剪；树势弱或老梅桩要重剪。从枝条上讲，强枝宜轻剪，弱枝宜重剪；而病虫枝、徒长枝、纤弱枝、重叠枝、枯枝等，应随时剪去。将开过花的主、侧枝适当疏减，再将主枝上的侧枝留 2～3 个芽后短截。入秋再将生有花芽的短枝适当剪短，着生叶芽的长枝留 5～6 个叶芽剪去上部。一般一株留 3～5 个主枝，使长短，高矮，疏密相间适宜。

盆梅还可加工成"梅桩"，即取一株梅的老根，使老根老干上长出新枝，枝上开花。做梅桩须对梅株进行重度修剪，修剪以"疏、欹、曲"而又不矫揉造作为要，必要时用刀切，用棕丝扎、铁丝缠等。

◉ 病虫害防治

虫害主要是梅毛虫、桃蚜、刺蛾类、天牛类、蚧壳虫、红蜘蛛等，要及时防治。桃蚜可用 6% 可湿性六六六 200～250 倍液或三硫磷 3000～4000 倍液，或 1000 倍敌敌畏。

77

2. 玉兰

◉ **繁殖及栽培**

（1）繁殖

嫁接、压条、扦插、播种法均可。其中以嫁接繁殖为主。用木兰作砧木，芽接宜在9月。扦插，夏季取嫩枝扦插，插后遮阴，覆盖塑料薄膜，经常保持土壤湿润。播种育苗，于9月下旬种子成熟时采种，脱粒后即播。也可用草木灰洗擦除去其外种皮后沙藏；或将采得种子先分层埋于土中，20天后取出，用水洗净、晾干后沙藏，到春季播种。

（2）栽培

小苗成活后，移栽宜在春季萌芽前或秋季落叶后进行，栽时挖穴施足基肥。中小苗要注意保护原有根系，多带宿土，大苗带土球，用草包扎好再运输。苗栽好后，土要压紧，并浇足水，以后保持湿润。玉兰喜肥，所以每年冬季要挖穴，施有机肥，如骨粉、厩肥、腐熟的堆肥、饼肥等。花后萌芽抽枝发叶期间要施1~2次氮肥，促进当年枝叶生长良好。初夏再施一次磷肥，促进夏末多孕花芽。

如果盆栽，应勤施肥水，每两年换盆一次。

玉兰枝条不多，一般不用修剪，但作观赏用不留种的，可于花谢后，将花柄剪去，以免浪费养分。另外当树势衰老，开花稀少时，可用修剪进行复壮。具体做法是在刚发叶时，将生长不良的枝条从基部剪去，然后在与树冠外围等距的地面开一圈沟，施肥、浇水，

促使发新枝。如新枝过多，可进行整形修剪，择优保留，再过 2～3
年，便可正常开花。

3. 山茶

◎ 繁殖及栽培

（1）繁殖

山茶繁殖主要以扦插为主，一般是枝条扦插。一些名贵品种可
用叶片扦插法。

1）枝条扦插法：选 10cm 左右长的粗壮、
叶子完整、无病害的当年生半成熟枝，扦
插时间以 6 月最好，土壤选山泥或园田
土，最好灭菌。先用筷子或木棍在盆土
上打孔，土面以上长 2cm，留两个叶片，
其余 8cm 插入土中。压实浇水，遮阴，不
能晒太阳，注意通风，保持土壤湿润，到 10
月份以后，渐渐可以不遮阴。

2）叶片扦插法：以山泥土拌入 1/3 的河沙为基质，在梅雨季
节，可取一年生无病害、完整的叶片为材料，太老不易生根，太
嫩又易腐烂，入土深约 2cm。插后压紧土壤，浇足水，置于阴凉通
风处。

山茶还可用种子繁殖。在 3 月选定易结果实的山茶花作母本，
人工授粉，于冬天采种，3 月插于山泥土中，喷足水，萌发将很快。

有时可以用嫁接繁殖，2 月选一二年生枝条作接穗，多用劈接
方法，以山茶实生苗或扦插苗作砧木，将砧木离地 5cm 左右截去，
然后通过中心劈开 1.5cm 左右，将接穗基部削成楔形，插入对准形
成层，然后用塑料带绑扎，置于庇荫处即可。

（2）栽培

1）上盆：山茶盆栽以选透气、排水较好的瓦盆为好，盆大小要与苗大小相配，选用微酸性、疏松、肥沃、排水良好的盆土，一般是以山泥土为主。上盆时间宜在11月或早春2—3月，盆底应垫碎瓦片，先将孔眼挡去一半，再用另一瓦片斜搭在第一瓦片上，上面再垫上2~3片，若用紫砂盆，最好堆放粗沙砾，厚度达盆高的1/3左右，然后填入部分粗土，将苗植于盆中，根要舒展，再用细土填塞至满盆，轻轻摇盆。上好盆后，浇透水，以盆底渗出水为准，并注意保持湿润。两个月后可恢复正常管理。

每隔1~2年要翻盆加土1次，盆底垫以牛、羊角屑或骨粉及腐熟有机肥作基肥，夏季适当追液肥数次。

2）浇水：土壤宜保持湿润，如果太干且板结，对山茶生长不利，太湿易烂根。浇水要注意水质，忌用含盐、碱的水浇灌。最好用储存的雨水浇灌，或在水中加入1%黑矾（硫酸亚铁）以改变水质。夏季炎热，除注意遮阴外，最好在植株叶片及附近的地面多洒些水，以保持空气湿润，北方冬季干旱宜在近中午气温较高时浇水，以防结冰。

3）施肥：山茶从花蕾形成到开花，一般需要经过10个月左右的时间，在这个时期内，如果养分不足，不但很难形成花蕾，而且即使有了花蕾也易枯萎、脱落。但是茶花不耐肥，不宜多施浓肥。

基肥最好采用有机肥料，如碎豆饼、鱼骨粉以及经过发酵的鱼内脏、畜粪等，施时要晒干、捣碎与土混合使用。追肥一般应用稀薄液肥，绝不能施未经发酵腐熟的生粪。追肥原则：4月花谢以后，施以氮为主的液肥，10天左右1次，共1~2次。5月起，山茶开始育蕾，施氮磷结合且以磷为主的肥料，半个月 1 次，共 1~2 次。9—10 月施 1~2 次稀磷肥，可促进花蕾进一步生长。平时在叶片发黄时也应适当追肥，至叶片呈深绿色，可停施。

4）其他：为使山茶多开花，还应注意一些细节。春季枝叶开始生长时要摘去残花。8 月前后，要检查花蕾是否过多，过多了要进一步疏蕾，减少养分消耗。一般可在枝头留 1 个花蕾为宜。一般情况下，山茶不加修剪，只需剪去病枝、弱枝、过密枝、徒长枝。

◉ 病虫害防治

山茶易被红蜘蛛和多种蚧壳虫危害，一般是由于家庭盆栽山茶受环境限制，通风不良引起的。比如：吹绵蚧壳虫，取下消灭即可。糠片蚧壳虫一般用十万分之一肥皂水或 50%氧化乐果喷洒。若叶片间出现黑斑，往往因多湿、不通风及施氮肥过多引起，可用波尔多液或多菌灵防治，注意排水与施肥，除去被害叶并烧毁。此外，若盆土碱性增加，也会引起山茶叶子发黄。因此，可在施有机肥时掺入少量硫酸亚铁，用水稀释后施用，一般施 2~3 次后叶子可返青变绿。

4. 迎春

◉ 繁殖及栽培

（1）繁殖

多用扦插，也可用分株、压条繁殖。扦插在春、夏、秋都可进行。剪取当年生枝条，每枝 20cm，入土 1/3，浇水遮阴，约 10 天可生根。压条可随时进行，选好枝条堆土压住即可。分株一般在开花后进行，

也可在翻盆换土时进行。由于迎春生长力极强，常在节间有气生根，所以繁殖容易。

（2）栽培

迎春栽培简易，冬季开花前和春季花谢后，分别施 1~2 次肥料即可。

栽培迎春主要是要管理好枝条。自春至初夏，迎春枝条生长极旺，枝条常因下垂着地而极易生根，造成紊乱，因此要精心修剪，剪去过老枝条。基部萌蘗过多也应适当拔除，使养分集中，以免上部枝条衰弱。盆栽时，在夏季把枝条提起，适当捆缚于各种支架上，既可使不匐地生根，又可保持株形整齐。秋后进行整形修剪，每条留 7~10cm，以使来年树冠美观，叶绿花繁。

5. 瑞香

⊙ **繁殖及栽培**

（1）繁殖

通常采用压条和扦插繁殖，也可播种繁殖。

1）压条繁殖：先将母株四周腾出一定的空地，再以每株为中心，挖掘多条深约 10cm 的小沟。沿沟压条，注意压枝下沟时，一定不要硬折。防止压枝移动，可用钩或其他工具固定，然后盖上松土。保持土壤湿润，新根群长出后，切离母株，另行栽植。

2）扦插繁殖：一般在春季瑞香发芽前

或 8—9 月进行。取健壮的二年生枝条或较老的当年生枝条作插穗，长度 10cm 左右，带 4 ~ 5 叶，剪去下部叶子，需随剪随插，栽培土一般用沙质壤土，插条插入土内 1/2，注意保持半阴和稍湿润，3 周左右可发根。

（2）栽培

1）土壤：选择土层深厚，排水良好的酸性沙质土壤。

2）浇水：浇水时注意干透再浇透，不要过分湿润。

3）施肥：瑞香移植后可施以基肥，但不宜过多，忌施人粪尿。一般 6—7 月可施 1 ~ 2 次追肥，冬季适当施基肥。

4）其他：瑞香为避免阳光直射，在冬季又能晒到阳光，常常采用与落叶乔、灌木混植。移栽时间以春季开花期或梅雨季节为宜。瑞香移栽往往在幼年期进行，因为其根系稀少，成年树不耐移植。瑞香耐修剪，一般在发芽前可将密生小枝修剪掉，以利通风透光，但花芽形成后不能再行修剪。

6. 结香

◉ **繁殖及栽培**

（1）繁殖

繁殖用扦插及分株繁殖，以分株为主。扦插可在 2—3 月或 6—7 月进行。选粗壮枝条取长 12 ~ 20cm，插入土中 1/2，常规管理，易成活。分株可在春季萌动之前进行。

（2）栽培

因结香喜阴，宜栽于树阴下或墙角边。管理粗放，作一般养护管理即可。

7. 杜鹃

◎ 繁殖及栽培

（1）繁殖

可采用扦插、压条、嫁接等法，以扦插为主。扦插宜于6月及9—10月最好，特别以梅雨季节为主。插穗选用当年萌发的半熟嫩枝为好，长度10cm，留上部5~6片叶，基部用利刀削成马蹄形，切忌捏伤基部绒毛。按5~6cm间距插入土中，插时宜稍倾斜，插入穗长1/3或1/2，揿实土壤，浇透水，最初1周需遮双层帘子，多喷水，1周后，减低遮阴程度，使其稍透光，也可减少喷水。两周后可使其在晨夕多见阳光，一般30天可生根。

（2）栽培

杜鹃一般用盆栽，管理方法较细致。

1）盆土：野生杜鹃多生长在腐叶土层较厚的半阴东北面山坡上，根系发达而纤细。家庭栽培的杜鹃要适合这种特性。盆土要求排水良好，富含有机质且呈酸性的疏松土壤。如土壤偏碱，可用0.1%硫酸亚铁水溶液浇灌土壤，使土壤pH值在6.0左右为好。花盆宜选瓦盆（排水透气良好），盆底垫一层较粗的石砾以利排水。1年翻盆1次，翻盆时将老根稍加修剪，上盆后即浇水。

2）浇水：杜鹃喜湿，空气相对湿度在70%~90%为宜。不宜过干，浇水时，水必须清洁，灌法因季节而异。冬季（12月至次年2月）在室内越冬，每隔2~3天，视盆土干燥情况适量浇水，保持盆土湿透，最好在上午10时至下午3时阳光下进行。春季水量稍多些，每天检查1次，盆土略干即行浇水，在花蕾显色时，每天至少浇水1次。5月中旬以后，新枝叶已长大，需水量较多，应在每天早晨或傍晚浇水1次，水量要足；遇日照较强或风大的日子，见盆干即浇水，并在叶面、地面喷水。雨水多时注意清除盆内积水。夏季高温干燥，最好早晚各浇水1次，水量不宜过多，必要时中午在叶面和地面喷水，注意遮阴，入秋以后，浇水量减少，每晨浇水1次，保持湿润即可。

3）施肥：杜鹃喜肥，但怕浓肥，一般应用腐熟的肥料（如经发酵的豆饼水、烂黄豆、烂花生米、鱼腥水等）。要适当稀释，忌用人粪尿。若要使用，必须腐熟并加入0.2%硫酸亚铁，使之呈酸性。三四月为促使枝叶和花蕾生长，每月施2~3次；5月需肥最多，每月3~4次，施肥后，1周内盆土宜保持潮润，不宜过干；春季在花凋谢后，摘去残花，再施以肥料，可以促使枝叶繁茂；6—8月盛夏季节，杜鹃处于休眠状态，宜少施或停施；9月下旬天气转凉，杜鹃进入秋季生长期，应每隔10天施1次含磷钾的液肥，促使植株生长和孕育花蕾；10月以后一般停止施肥，否则会萌发嫩叶，一旦遇到寒流霜冻，新芽嫩枝受冻就会枯萎，严重时可导致死亡。

4）其他：杜鹃萌发力强，一般在花后应进行整形修剪，剪去徒长枝、病弱枝、畸形枝。夏季适当摘心。花后，残花连蒂摘除，以保证新芽萌生，促夏枝茂盛。

⊙ **病虫害防治**

一般情况下杜鹃的病虫害并不严重，最常见的是军配虫和白绢病为害。为了预防可于11月至次年2月喷波尔多液2~3次。有害虫可以翻盆捕捉或以茶籽粕浸水，以浸出液浇于盆土。

8. 海棠

◉ **繁殖及栽培**

（1）繁殖

海棠可用分株、压条、嫁接、扦插、播种等方法繁殖。播种繁殖常易发生变异，不能保持原来品种的特性，故一般常用嫁接法繁殖。用野生苹果或圆叶海棠作砧木，也可用山荆子实生海棠、花红以及杜梨等作砧木。于早春二月将砧木移到室内。用切接法嫁接，成活率较高。早春萌芽前，自母树基部将根蘖切下，蘸以泥浆移栽，易成活。也可在早春进行压条，将枝条弯下，于埋土部分刻伤树皮，埋土后注意经常浇水，保持土壤湿润，次春可与母株分割，成为新株移栽。

（2）栽培

落叶至春季发芽前移栽苗木。移栽时大苗必须带土，保持根系完整，可提高成活率，小苗可裸根，但也可带土。施足基肥，生长期间多施几次液肥。经常保持土壤疏松肥沃。

9. 月季

◉ **繁殖及栽培**

（1）繁殖

月季常用扦插和嫁接法繁殖。不易生根的品种，可用压条法繁殖。一些丛生品种，则可用分株法繁殖。

1）扦插法：可分生长期扦插、冬季扦插和水插法3种。

a. 生长期扦插：其方法是在4—5月，9—10月份月季生长最好的季节进行，此时气温为 20℃ ~ 25℃，扦插容易生根。四五月份梅雨季节，气候温暖、湿度较高，25 天左右即可长出根系，秋季生根时间较长。

插穗宜选当年生长充实的开花枝，待花快谢时，剪去残花及花下第一片叶，等数天后，枝条养分得到补充，生长充实，叶节膨大后，于早晨带露水时剪取长约 10cm 带有 3 ~ 4 个叶节的枝条作插穗。仅留上部两片复叶，其余叶片连叶柄全部剪去。留下的两片复叶最好也只留下基部两片小叶，以减少蒸腾作用。家庭扦插容器可用花盆或木箱，装入排水、通气良好的土壤，或黄沙、砻糠灰等。插穗剪下后，用筷子先于土中戳一孔，再把其插入孔中，插条间隔距离应以叶片互不遮阴为原则。插好后用细眼喷雾器浇透水，或用坐盆法，使水渗入土中。再用塑料薄膜或袋套好以保湿。将盆放于阴处，避免阳光直射，晚上揭开塑料袋以通气。盆土保持湿润，但水分不宜过多，以利土壤中有足够的空气，防止伤口霉烂。15 天后逐渐增加阳光照射时间，以增加光合作用并促进发根。当新芽长出，老叶也不脱落时，说明插条已生根成活，可及时移栽。

b. 冬季扦插：又称硬枝扦插，从月季落叶进入休眠期直到来年春天发芽前都可以进行。母本上健壮的枝条都可作插穗，同生长期扦插一样剪长 10cm 的枝条，只是没有叶子，插后，浇透水，套上塑料袋，放于温暖向阳处，保暖、防干。到第二年春天插穗发芽时，揭去塑料袋，当幼叶长大并转绿时，下部根系长好后即可移栽。

c. 水插法：月季水插以春秋两季较好，但只要室内温度合适，一年四季都可进行。温度（包括水温）以 20℃ ~ 25℃最好，插穗宜选刚开过花的枝条，它们容易生根。

87

月季扦插除用枝条外，还可用芽插。春发新芽生长力强，用其做扦插材料容易成活，待新芽长到3~7cm时采下，采时可轻轻用手掰下，也可用刀片从芽基部紧贴枝干切下，以长势粗壮、芽头饱满和主枝基部发出的新芽最好。采下后，用清水洗净，然后扦插，扦插土用素沙土，隔年培养土、园土等也可。插时先用竹签戳孔，将芽顺孔插入，深度为芽长的1/3，使其与土壤贴实，浇透水，用塑料薄膜罩好，防止风吹，但罩内湿度不宜过大，每天通气1~2次保持土壤潮湿，约2周后可发根，20天后可去掉薄膜，一个月后可上盆。

月季全光照扦插法：此法在整个扦插过程中，不用遮阴且给以充足的阳光照射，但此时插枝因无吸水器官——根系，吸水有困难，为使插枝能正常地进行生命活动，特别是光合作用，就要从叶面不断补充水分，经常喷水，使叶面形成一层水膜，既满足了叶肉细胞对水分的需要，又能降低叶片温度（因在阳光照射下，叶片温度会很快升高，高温会破坏植物的生命活动，植物以不断蒸腾作用来降低温度），以保证光合作用正常地进行，如果有喷雾装置就更好，即全光照喷雾扦插法，如没有喷雾条件，用勤喷水来解决，插后第1周，每隔半小时喷水1次，使叶面保持一层水膜，并使苗床空气湿度较高，1周后可每隔两小时喷水1次，并开始发根，3周后就可移栽，名贵月季和难生根月季1个月后也可移栽。

2）嫁接法：良种月季主要采用嫁接法，嫁接苗一般比扦插苗生长快，当年就可以育成粗壮的大株，开出该品种特有的花朵。但其缺点是寿命较短，5年左右就开始衰老，且常易萌发砧芽，嫁接技术也要求较高。嫁接前还需要培育好砧木。月季最常用的方法是芽接、切接和根接法。砧木常采用野蔷薇和十姊妹等。

a.芽接：芽接较方便，可用T字形方法，首先要培育好砧木，选枝条粗壮，根系发达的植株作砧木。每年5—10月进行。接前3天施1次液肥，芽接当天要浇适量水，在离地面3~5cm处，选择光滑无节的茎段做T形切割，然后用芽接刀的角质薄片挑起皮层。接穗应选取优良品种的长开花枝，选其饱满的芽，保留叶柄作盾形切下，剔除木质部，然后插入砧木的T形切口内，用塑料带绑扎好，留出叶柄和芽。置于阴凉处，避免阳光直射。7天后观察，如芽呈绿色，叶柄发黄，并用手轻触叶柄即会脱落，表示嫁接已成功。如果芽呈黑色，叶柄干枯，则表明已死亡。接活后的植株可给以阳光照射，并把砧木上发出的幼芽剥除，但砧木上的老叶要保留，使其光合作用制造有机物提供给接穗芽。当新芽长到15~20cm时，最好立支柱，防止新枝被风吹断。等此接穗芽全部木质化，并发第二次新芽时，可将砧木上的枝叶全部剪除，并解除绑扎的塑料带。

b. 切接法：可在11月下旬至次年2月进行。嫁接时，掘出砧木，修剪掉过长的根，砧木的主枝留高10~15cm，用利刃截断。接穗长5~7cm，带2~3个壮芽，接时注意形成层要相互接合，置于温度15℃~20℃的环境下，伤口约15天即可愈合，约20天后可发根。要注意及时清除砧木上发出的嫩芽。

c. 根接法：冬季可用根接法繁殖月季，其优点是不用培育砧木苗，且冬季为植株休眠期，嫁接时可避免因蒸腾失水过多而使接穗枯萎，并能把其放于室内较高的温度下，打破休眠，促进伤口早日愈合。根接时，首先将野蔷薇、十姊妹等作砧木的植株根部周围挖出一些粗壮的侧根，截成8~10cm的一段作砧木用。再从月季的母株上剪取健壮、腋芽饱满的枝条作接穗，一般剪三节一段，在基部一节的下方的节间部位用利刀削成鸭嘴形切口，切口长2~2.5cm，把已挖出的根洗净，用干布吸干后，从断面处由上向下切出一道切口，将接穗插入，使相互地形成层对齐，用塑料带绑扎。接好后的苗木接口要埋于素沙土中，保持湿润，上面塑料袋罩好，放于15℃~20℃的温度下，约20天后，砧木的根段可长出新根，即可移

植上盆。

（2）栽培

月季栽培，有盆栽和地栽两种。

1）月季盆栽。

a. 盆土：配制盆土应注意排水、通气及各种养分的搭配。每年越冬前宜翻盆、修根换土，盆逐年加大。盆以泥盆为最好，盆土可由园土、腐叶土、沙土适当混合，加少量腐熟干牛粪、菜饼、骨粉等。

b. 浇水：月季浇水因季节而异。冬季休眠期保持土壤湿润，不干透就行。开春枝条萌发，枝叶生长，适当增加水量，每天早晨或日落浇水1次。月季生长旺季及开花期，枝叶旺盛，需水量增加，浇水量也需增多。夏季高温，水蒸发量大，植株处于虚弱半休眠状态，最忌干燥脱水，每天早晚应各浇水1次，避免在烈日下给月季浇水。每次水要浇足，直到少量水从盆底渗出为适宜。浇水时不要将水溅到叶上，以防止病害。

c. 施肥：月季喜肥。基肥以迟效性的有机肥为主，如腐熟的牛粪、鸡粪、豆饼、骨粉等。每隔1周酌加液肥，能常保叶片肥厚深绿而有光泽。早春发芽前，可施1次较浓的液肥，如已萌发，开始长叶，则不宜施浓肥。5月盛花期忌施肥，6月花谢后，可施1次中等浓度液。9月间第四次或第五次腋芽将发未发时，再施1次中等液肥，12月休眠期施腐熟的有机肥越冬。花农常说"月季施肥，三要浇，三不浇"，这话意思是3月迎春时要浇，9月迎秋时要浇，12月冬眠时要浇；发芽时不浇，开花时不浇，叶片上不浇。

d. 其他：每开完一期花后必须进行一次全面修剪。一般宜轻度修剪，及时剪去开败的残花和细弱、交叉、重叠的枝条，留粗壮、年轻枝条，从基部起只留3～5cm长，留外侧芽，修剪成自然开心形，以利通风、透光，又可促进多发新枝、新蕾，从而可达到控制生长，美化株形，延长花期。另外，盆栽月季首先要选择矮生多花且香气浓郁的品种。

2）月季地栽。

a. 种植密度：扦插小苗株行距10~20cm，嫁接小苗的株行距20~25cm，1~2年生中苗，单行种植，株距50cm，3年以上大苗，单行种植，株距70~100cm。

b. 浇水：夏季干旱季节要浇足水分，保持土壤湿润，尤其孕蕾和开花期供水量不能缺少，雨季要及时排除积水。

c. 施肥：平时经常除草。冬耕后可施人粪尿，让其渗入土中，也可撒上塘泥或腐熟的有机肥，然后翻入土中，也可开沟施菜籽饼、鱼粉等有机肥料。生长期要勤施追肥，花凋谢修剪后必须施追肥1~2次，最好用速效肥。高温干旱季节，尽量施用薄肥。10月底施最后一次肥时，应多施磷钾肥，以增加植株抗性，抵御寒冷。

d. 其他：月季的修剪分为夏季修剪和冬季修剪。夏季修剪主要剪除嫁接砧木的萌蘖枝，花后带叶剪除残花和疏去多余的花蕾。如不及时剪除残花，则会继续消耗养料，影响下一次开花。为使株形美观对长枝可剪去一半，中短枝剪去1/3，在叶片上方1cm处斜剪，有的人舍不得，仅剪去花柄或很少一点枝条，这样做植株越长越高，枝条越长越细，花也越开越小。冬季修剪则随品种和栽培目的而异。修剪时不仅要留枝条，而且要注意株丛整体形态，大花品种宜留4~6枝，每枝在30~45cm处选一侧生壮芽，剪去其上部枝条，蔓性和藤本品种则以疏去老枝，剪除弱枝、病枝和培养主干为原则。

另外，栽培地点必须阳光充足，干燥通风，排水良好并含有大量有机质的沙质土壤。

◎ **病虫害防治** ━━━━━━━━━━━━━━━━━━━━━━━━━━

　　月季主要病害有黑斑病、白粉病。可用多菌灵、代森铵、托布津等农药。月季主要虫害是蚜虫、红蜘蛛、蚧壳虫、星天牛等，可用乐果或马拉硫磷等喷洒。

　　月季还会发生根癌病，是由于土壤中病原菌侵入根部，使其产生像核桃般的小球，叶子发黄、变小，生长开花受到影响。最好用利刀削掉病瘤，严重的应整株拔除烧毁，刀剪、土壤均应消毒，以防传染。

10. 蔷薇

◎ **繁殖及栽培** ━━━━━━━━━━━━━━━━━━━━━━━━━━

（1）繁殖

　　蔷薇以地栽为主，繁殖可用扦插、嫁接、压条、分株等方法。

　　1）扦插：此方法极易生根，可在早春采硬枝扦插，也可在梅雨季节采当年生枝条插于露地苗床。枝条可于花后剪取，切取中、下部带 3 个芽一段。

　　2）分株：于休眠期进行，以早春萌芽前为好。挖起全株，抖散株丛宿土，一枝一枝剪开。也可母株不动，将新株切开另行栽植。

　　3）压条：于春季，选取去年健壮枝，每节用刀削去一块皮，除先端露出土外，其余皆平压于土中。1~2 个月后检查，若已发根，则先在近母株处将压条剪断一半，经 7~10 天后，再将母株全部剪断，再过几天可移栽。移栽时注意剪除部分新株枝叶以利成活。

（2）栽培

　　地栽株一年施肥一次，不干可不浇水。

盆栽株管理与月季相似。注意花后修剪，以剪去过密枝、枯枝和截短花枝为主，生长枝可适当留长以增加花量。

◉ 病虫害防治

高温时期不通风易得白粉病、煤烟病。

11. 玫瑰

◉ 繁殖及栽培

（1）繁殖

玫瑰可利用分株法或扦插法繁殖。主要用分株法。分株一般在休眠期，方法同蔷薇。扦插法请参考月季的扦插方法进行。

（2）栽培

玫瑰需肥沃且排水良好的土壤，pH8～8.5为宜。地栽宜选向阳处。平时以土壤湿润为宜，忌积水，雨季做好排水工作。早春开花前施一次腐熟有机肥，则开花茂盛。每7～8年，于秋季齐根茎处重新修剪更新一次。其他栽培管理方法与月季相似。

93

12. 牡丹

◉ 繁殖及栽培

（1）繁殖

牡丹繁殖有播种、分株、嫁接及压条等方法，通常以分株及嫁接为主。

1）分株：一般在9月下旬到10月上旬进行，选用4～5年生的植株。先将叶子剪除，但要保护幼芽，然后将植株从土中挖出，阴干1~2天，待根发软后，再用利刃分离，每3~5个蘖芽分割为一株，下部须带2~3条根，伤口处涂以草木灰或硫黄粉、硫酸铜溶液防止病害。分株后立即上盆，盆土宜用沙质壤土加饼肥的混合土。盆要深一些，宜选用桶式瓦盆，盆底用瓦片垫好排水孔，再铺上3~5cm小石子，栽培时将根理直，过长可盘卷于盆内，待覆土一半时，可将植株轻轻向上提一提，使根与土壤密切接触，覆土到根茎，压实，浇水，置半阴处缓苗。结合分株可将比较粗、长的大根剪下，加工成中药材用。

2）嫁接：牡丹虽然可以枝接，但通常多以牡丹根或芍药根进行根接。因牡丹根细而硬，嫁接不便，故多用芍药根作砧。供嫁接用的芍药根直径宜为1~2cm，根接时间9—10月间，用切接法。先将芍药根砧阴干1~2天，或在太阳下稍晒一下，使其稍萎蔫而变软，不易断裂。接穗选取当年生光滑而节间短的枝，带1~2个芽为好。接后覆以细土或湿沙（高出顶芽9cm左右），保持湿润。春天天气渐暖时，逐渐将松土耙去。嫁接3~5年，接穗下自生根长成时，即可进行移植并将芍药根除去。

（2）栽培

1）浇水：牡丹性喜湿润怕涝，因系肉质根，故不宜多浇水，尤其怕积水，易烂根落叶。合理浇水方法：早春牡丹出室后，先施1次液肥，然后浇透水，水渗入土后松土，保持盆土湿润，直至现蕾。如盆土过干则可浇少量的水，直到开花。当早品种开花后或晚品种开花时，可再浇1次透水，但水量不要太大，以后经常保持盆土见干见湿。立冬入室前需浇1次透水。夏季阴雨天，要及时排除盆内积水，以防烂根。

2）施肥：基肥要足，定植时施入堆肥、饼肥、粪肥，肥上要盖土。追肥要控制，每年追肥3次，第一次在新梢迅速抽出，叶及花蕾正伸展之时，以施速效肥料为主；第二次在开花后，以补充花后生长所需的养料，对以后的生长和花蕾的增多有很大影响，肥料以速效肥为主；第三次在秋冬，对增强春季的生长有重要作用，肥料以基肥为主。

3）其他：牡丹应在花谢后进行一次整形修剪，剪除过多过密的新芽，截短过长枝，每株只保留5~8个充实健壮分布均匀的枝条，每个枝条上保留2个外侧花芽，其余的应全部剪除，避免枝叶过密影响开花。

因牡丹枝条很脆，极易折断，当花朵初开时，常因花头过重而致使枝条弯曲，故有设支柱的必要，一般用竹竿支撑。花谢后将花梗剪去。

◉ 病虫害防治

牡丹主要病害有以下几种：

（1）叶斑病

叶片上产生紫褐色圆形小斑点，后逐渐扩展成不整齐形轮状环纹，最后长出霉状物。

（2）灰霉病

叶面产生褐色圆斑，并有不规则状环纹，天气潮湿时，病斑上长出灰色霉状物，花上形成褐色斑纹，花蕾受害后不能开花。

（3）褐斑病

初期叶面上出现紫褐色小斑，而后扩大形成淡褐色至黑褐色的轮纹。

（4）锈病

牡丹开花时，叶面发生淡黄褐色小斑点，不久斑点内呈现橙黄色小脓疮，碎裂后散出橙黄色的粉末。牡丹生长后期叶被丛生纤细的毛状物。

（5）炭疽病

叶面出现圆形或不规则性黄褐色凹陷病斑。边缘呈紫褐色，病斑中央生有黑色小点。

（6）白绢病

此病发生在牡丹根颈部。初期在根茎部表面形成白色菌丝，并出现水渍状褐色病斑。后期在病斑上发出褐色菌核，这时植株地上部逐渐衰弱死亡。

上述几种病害的防治方法：

栽前用500倍70%托布津液浸渍根部10分钟，然后栽植。

发病后用400倍50%代森铵液浇灌根部，或用50%多菌灵800倍液喷雾。

牡丹的虫害不多，主要有蛴螬、蚧壳虫、卷叶蛾等。其中蛴螬为害较严重时，可用5%辛硫磷颗粒剂均匀撒施于土表，然后翻入土中（约20cm）防治效果良好。

◉ 用途

牡丹花大色艳、富丽堂皇、芳香宜人，可谓姿、色、香兼备，观赏价值极高，素有"国色天香"之誉。孤植或丛植于庭院，或盆栽观赏，也可用于切花。牡丹根可加工为中药"丹皮"，有清热凉血、活血化瘀功效。

13. 石榴

● 繁殖及栽培

（1）繁殖

可用扦插、压条、分株、播种等方法。

1）扦插：常用此法，清明后，梅雨季节最好。取健壮的嫩枝，长 10～15cm，插入土中 5cm 左右。浇水后保持湿润，置于半阴处，经约 1 个月可生根。约 3 年后开花结果。

2）播种：多用于果石榴，将外种皮洗净后阴干，沙藏到次年 3 月播种。一般 5 年后才能开花结果。

3）压条：早春芽萌动前可进行，夏季生根后割离，次年春季萌芽前移植。也可在夏末压条，半年后可生根。次年春天将其分割并移植。用此法繁殖生长快，一年可生长 2m 左右。2～3 年后结果。

4）分株：可在春季 4 月芽萌动后进行，用丛生状老株分株繁殖，或挖掘根部的萌蘖（带须根）另行栽植，成活率高。

（2）栽培

石榴成活后管理粗放，移栽常在春季萌芽前进行，土壤宜用肥沃、疏松、中性偏碱的土壤。沙壤土更好。

1）浇水：土壤湿度以保持半干半湿为宜，忌积水。花期尤其不要水多，以免引起落花。花瓣要避免沾水，否则易腐烂。

2）施肥：石榴喜肥，无论地栽或盆栽，均要施足基肥，每年冬季尚需施有机肥 1 次。盆栽时每 1～2 年翻盆 1 次。在发叶、开花前和落花后都要施 1～2 次腐熟的豆饼或人粪尿稀释的液肥，花后以施磷钾肥为主。施肥次数看植株长势而灵活掌握。

3）修剪和整形：石榴枝条萌蘖性强，树形易杂乱，既影响美观，又影响通风透光，造成生长不良，所以要重视修剪工作。石榴的枝条一般可分为3类：一类是营养枝，其顶端为刺而无顶芽，生长势稍强；顶端具簇生叶而具顶芽的生长势很弱，如果营养条件好，其顶芽可于明年成为开花枝，营养条件不良时，则形成叶芽。第二类为结果枝，为生长停止较早的春梢或夏梢，枝条较短而粗壮，其顶芽或近顶端的侧芽于次年形成开花的新梢。第三类为徒长枝，长势极盛，其上、中部可发生两次枝或三次枝。可以根据整形的需要，及时短截或去除徒长枝，适当保留营养枝，去除过密枝及衰老枝。

石榴整形可有多种形式，如单干圆头形树冠、多干丛状形树冠以及矮化性平头形树冠。

花石榴花后应及时剪去残花，约3年进行一次更新，将老枝缩短，剪掉3年前发的枝，促其另发新枝，则可使枝旺、花多。果石榴着果后也要适当疏果，以使营养调配得当，果大而不落。

14. 含笑

◉ **繁殖及栽培**

（1）繁殖

可用扦插、压条、嫁接等方法。扦插法以花后6月中旬采半木质化嫩枝为材料。压条法在生长期都可以进行，一般用高空压条法。嫁接多于3月中、下旬，以"木笔"或野木兰作砧木，成活率也很高。

（2）栽培

1）浇水：含笑虽耐阴湿环境，但因根多肉质，浇水太多，会造成烂根或引起病虫害。所以要注意控制温度，注意防雨涝，生长旺期水分偏多些，冬季休眠宜偏干些。

2）施肥：在花蕾形成前和花谢后，均应各施2~3次氮磷结合的肥料，平日每隔10天，择晴日施1次稀薄液肥。

3）其他：含笑宜置于朝阳处，最好是在棚架、树阴等下面接受散射光照射。

15. 丁香

◉ 繁殖及栽培

（1）繁殖

可用播种、扦插、压条、分株和嫁接法。一般常用播种和嫁接法。

1）播种：每年8—9月采种，连果序剪下，晒干脱粒，密封储藏。2月份拌以温沙催芽，3月份播种。覆土1cm左右，保持土壤湿润，即可出苗。

2）嫁接：可用女贞及水蜡树和流苏作砧木。在3月上旬丁香的芽尚未萌动时进行。如欲培养成高干乔木型，可用高接法，距地1.5m处进行高接。高接后两年，枝条就很茂盛了，注意随时剪除砧木上萌发的枝叶。

（2）栽培

苗木移栽宜在落叶休眠期进行，中、小苗要带宿土，大苗需带土球。移植前先将枝干短截修剪。在成长的过程中，注意剪除病枝、枯枝、弱枝，疏剪分枝及蘖枝，以调整树姿并促进通风透光。如不留种子，在花后及时剪除花序，以减少养分消耗。冬

季在树冠边缘下的地面上开穴，施有机肥。春夏季生长期也要适当施肥，以促来年花繁叶茂。

16. 樱花

◉ 繁殖及栽培

一般用嫁接繁殖。春季用枝接，以樱桃苗作砧木，成活率高。播种也可，种子采收后应沙藏，否则易失去发芽力。

栽培管理粗放，只需经常保持土壤湿润，冬季施以有机肥，生长期适当追肥即可。

17. 米兰

◉ 繁殖及栽培

（1）繁殖

米兰繁殖比较困难，一般采用空中压条法或扦插法。有条件可在夏季用全光照喷雾扦插法，成活率较高。

1）空中压条法：可在春夏季进行；从一二年生枝条中选茎周长2~5cm的枝条，在离开分枝点6~9cm部位环状剥皮1~2cm宽，用黄土和成稀泥，涂在剥皮部分，或包上保水性能好的山泥或苔藓，再用塑料薄膜包好，经常保持湿透，约2个月生根后，可以从母株切取盆栽。

2）扦插法：此法在高湿、高温条件下，生根整齐，成活率高。插穗宜在枝条停止生长后，再次抽生新枝时选取。这时枝条内养分充足，组织内水分比嫩枝少，扦插时不易腐烂。采条适期的标志是枝端叶片质厚、色绿，腋芽饱满。一般取一年生枝条，长8～10cm，先端保留2～3片叶，其余剪去。插穗基质以通气好、排水好，又有一定持水能力的蛭石或河沙为好。插条生根快慢与土壤温度很有关系。土温高，生根快，但叶片蒸发快，所以空气湿度要大些，保持在85%以上，同时注意遮阴。

（2）栽培

1）浇水：浇水量多少要视天气和植株生长健弱情况而定，一般说来，晴天气温高时浇水多些，阴天气温低时浇水少些，雨天不浇。米兰虽喜湿润但不能过湿，若浇水，则一般应掌握当盆土干得发白时再浇，浇水

一定要浇透，以盆底有少量水流出为标准。开花期间，浇水量要适当减少，否则花蕾、花朵易脱落，秋后天气转凉要控制浇水。夏季干燥，为了达到湿润目的，可每天日落后喷水于叶面及地面。若发生大量脱叶，是浇水太多所致，可脱盆将植株土球周围土去掉1/3，并剔除烂根，剪去枝条1/2，再栽入盆中，并罩上塑料袋保持湿润。

2）施肥：米兰枝叶繁茂，生长期中不断抽生新枝形成新花穗，因此需要充足的肥料，如果盆土肥力不足，花量会明显下降。但不宜施浓肥，一定要掌握薄肥多施的原则。春季开始追肥时，宜7～10天施1次，每月以矾肥水代替1次追肥。最多施些磷钾肥，例如鱼腥水、骨粉水等，有利于孕蕾。夏季不宜施过多氮肥，否则开花少、香味淡。立秋后，一般不再追肥。

3）其他：夏季炎热时，要注意庇荫和通风，避免过强的阳光直射。冬季米兰宜移入室内，室温最好为10℃～15℃，太高会引起继续生长但生长虚弱，对第二年生长发育不利，太低对米兰也有害。

在室内每隔一段时间用水喷洗叶面，使叶面保持亮绿，有利于光合作用，并注意保证充足阳光。

⊙ 病虫害防治

米兰易生蚜虫、红蜘蛛、蚧壳虫等害虫。米兰有时也会发生煤烟病，可喷多菌灵 500～1000 倍液或用清水洗掉。

18. 茉莉

⊙ 繁殖及栽培

（1）繁殖

茉莉可采用扦插、压条、分株等方法进行繁殖，通常以扦插为主。

扦插在 6—10 月进行，以梅雨季节最宜。插穗选当年生健壮枝条，剪取 10cm，有 4～5 个节以及两对以上的芽，切口应近节处。剪成斜面，去除下部叶片，只留顶端 1 对叶。插穗插入盛素沙土的盆中，深度以入土两节为宜。插后，用细眼喷壶浇透水，放置荫蔽处，保持盆土湿润和周围空气湿润，20℃左右，1 个月可生根。生根后分栽上盆，将小苗带土移植盆内，填土，压实，浇透水，放置半阴处，7 月份后再移至阳光下养护，1 个月后可恢复一般管理，这一个月内，除每天浇水 1～2 次外（水量不宜多），还要在盆周围地上喷水，以提高空气湿度。

（2）栽培

1）土壤：茉莉宜在疏松肥沃的微酸性土壤中生长。培养土可用田园土 4 份、堆肥 2 份、沙 2 份、草木灰 1 份混合而成，用垃圾土（垃圾堆积腐烂而成）混合砻糠灰或草木灰也可。盆栽茉莉最好每年换盆，换盆时一般不去根，换入新的培养土，并在盆底放入少量豆饼作基肥，换盆后浇透水并注意松土。

2）浇水：夏季气温高，日照强，又正值茉莉生长开花旺季，需大量水分，早晚各需浇水1次，浇透，并向叶面及地面喷水，空气湿度保持在80%左右，注意浇水不要过勤，而使盆土长期过湿，排水不良，会引起叶枯黄，烂根等。冬季茉莉不需很多水分，每4~5天中午浇水1次，见干见湿，春秋季每天浇水1次，水量不要太多。

3）施肥：茉莉喜肥，盆土保持充足的肥力，是茉莉肥壮而花多的重要条件。在茉莉孕蕾开花期间，应多施稀薄液肥，3天1次，以充分腐熟的豆饼水或人粪尿稀释液为宜，若有腐熟的鸡粪水更好。直到8月下旬，逐步减少施肥，7~10天1次，10月上旬后，第三期花形成，施肥基本停止。家里常有的淘米水和蛋壳里滞留的蛋清汁，以及豆浆、牛奶的残汁掺水后，都是茉莉很好的肥料。

4）其他：茉莉喜阳畏寒，应将茉莉放在阳光充足的环境中，才能使枝繁叶茂，花多且香味浓郁。即使在盛夏开伏花时，仍喜充足的阳光照射，同时因气温高，土面及叶面蒸发水分多，所以要注意浇水，盆土稍干就浇，但水要预先晒热，不可浇比土温低的水，以免影响根系的生理活动。花朵将谢时，将残花连花托一起剪除，这样才能不断开花。为使茉莉姿态优美，可将过长枝短截，剪去3~4对叶片，甚至多剪去一些。对短枝可摘去残花梗。冬季应把茉莉放在室内通风向阳处，白天温度10℃~13℃，夜间5℃~8℃，3℃以下会引起冻害，温度过高会引起萌芽抽枝，造成细弱枝条。

茉莉移出室外后，应进行适当修剪，把细弱、过密、枯病枝剪去，并摘除部分老叶，以促进早发芽，发芽整齐。8~9年以上的老株须在惊蛰后，将离地3cm以上的枝干全部剪去，加强管理，促进萌发新枝，使老株复壮。

◉ 病虫害防治

盆栽茉莉花时常有叶色发黄的现象，黄叶现象出现的原因有：一是浇水过勤、盆土过湿，根系窒息受损。二是长期没有换土、施肥，土壤养分不足。三是土壤碱性加重而缺铁。如果是前两种原因，可针对起因加以改善。若是后一种原因，可在生长期间施2%黑矾水（硫酸亚铁），3~4天可使叶片由黄转绿。

19. 栀子

◉ 繁殖及栽培

（1）繁殖

以扦插法、压条法繁殖为主，另外还可用分株法和播种法。

扦插法又分为土插法、水插法。

a. 土插法：嫩枝扦插宜在夏季高温季节，采当年生健壮枝条，插穗剪成长8~15cm，插在壤土、沙各半的培养土中，保证空气高湿度和半阴条件。每天上午7~8点以前，晚上9~10点后各浇1次水，以不至于积水为度。扦插后2~3周可生根。

老枝（1~2年生）可在春季扦插，但发根时间较长。土插发根后要及时栽到肥土中。

b. 水插法：剪取当年生长的粗壮嫩枝，剪成12~15cm，20~30枝扎成一束，然后把插条的1/2浸泡在清水里，放置半阴处，每天换 1 次水，经 20 天左右可长出新根。

复瓣栀子常用压条繁殖，在梅雨季节进行。

（2）栽培

1）土壤：选用偏酸性土壤，常用腐叶土 3 份加细沙 7 份配制。栽前先用瓦片将盆底排水孔盖上，放入 3cm 深度的小石子，然后放入培养土，将苗移入。2～3 年后宜在早春时节换盆 1 次。

2）浇水：从春季出室开始，应保持空气较高湿度和盆土湿润状态。夏天每天浇 1～2 次凉水，早晚还需向叶片和地面喷水。栀子忌涝，雨季注意排涝，及时排除盆内积水。浇水过多过勤而使盆土经常处于过湿状态，对生长不利。从秋天至冬天，浇水量逐渐减少。

3）施肥：幼苗期宜薄肥勤浇，以氮肥为主，如充分腐熟的饼液肥和人尿。生长期间每隔 15～20 天施液肥 1 次，雨天可改为施干肥（豆饼粉），并注意在现蕾时加施 1 次速效磷肥，以促使花多香浓。冬季休眠，停止施肥。

4）其他：栀子喜半阴，生长期间应适当遮阴。而冬季，应将栀子放在室内，并保持室温 10℃～12℃为宜。为了调节和控制栀子花的生长，使株形优美，促进开花，在春季生长盛期过后，适当摘心。大花类型，每年摘心 1～2 次；小花类型，在幼龄时摘心 2～3 次。

◉ 病虫害防治

栀子主要病害是缺绿病，表现出叶片发黄、叶焦、枝枯。主要原因：一是盆土碱度偏高。土壤在长期浇水后碱性提高，所以浇水最好用储存的雨水，其次是河水或池塘水，也可用存放 1～2 天的自来水。二是土壤中缺少可溶性铁，这在碱性土中（石灰质土）最易发生。每隔7~10天浇1次0.2%硫酸亚铁，既提高酸性又提高土壤中缺少的可溶性铁的含量，并可补充硫素营养。三是夏季高温和强烈阳光直射，也易引起缺绿病，故需注意庇荫。四是施肥太浓也会引起叶黄变焦，宜施薄肥。

栀子的主要虫害是蚧壳虫，主要是由于高温、高湿、通风不良引起的，可用小刷蘸水刷除。

20. 桂花

◉ 繁殖及栽培

（1）繁殖

用播种、扦插、嫁接、压条、分株均可，一般以扦插为主。

1）扦插：又分半熟枝带枝插和单芽插两种。6月底左右进行，气温以25℃~35℃最宜，选沙质土壤。

a. 枝插：在半熟枝与老枝间的交界处节下1cm处剪下，因交界处养分多，组织紧密，易发根。插穗6~10cm，前端留2片叶子，要随剪随插，保持叶的完整与湿润，插入土中，仅留1~5cm在土上，揿实土。

b. 芽插：桂花叶对生，单芽插即把一短枝纵向剖开，每一芽节一枚叶与一小段半边枝条（枝长1.5cm），插入土中，以盖没枝条为度。

扦插后须精心管理：插好后要浇透水，在浇水前最好在土面上铺一层碎草，以免泥泞沾污叶片，并防止土壤板结，然后用帘子遮阴。浇水不宜过多，多雨季节注意排水。在夏季高温干旱季节，每日向叶面喷水2~3次。插后1个月即可产生愈伤组织，2个月后新根增多，可略见阳光。10月份以后，去除帘子，增加光照，促进发根。11月份要进行防寒，苗上须盖一薄层稻草，冬季土壤见白时可浇水，需在中午时进行，第三年春季可移栽。

2）嫁接法：3—4月进行，以女贞或水蜡作砧木，用腹接法，当年可开花。

3）压条法：以梅雨季节进行最好，视树形决定压条方法，不管是一般压条法还是空中压条法，管理上都要让土壤保持湿润，一般一年生根。

（2）栽培

1）土壤：以排水良好的沙质土壤，pH值中性，可按4：1拌入含腐殖质丰富的堆肥土作培养土。盆栽要求用较大口径的盆，2~3年换1次盆。

2）浇水：冬季浇水不可过多，否则易引起落叶，甚至窒息死亡，所以一般是不干不浇，浇则浇透。春季出房后，随气温升高，逐渐增加浇水量，保持盆土湿润。雨季不能使盆内有积水。秋季开花时适当减少浇水量，防止早期落花。

3）施肥：幼树定植前要施足基肥，小苗期要薄肥多施，以利根部吸收。春季萌芽前追肥1次，以氮肥稀释液为主，5月中、下旬，施第二次追肥，促使抽第二次枝。当桂花已经形成树冠后，施肥的目的就是多开花，所以7月上旬，可施1次稍稀的肥料，花后再施1次，不宜浓，不宜多。冬季入室前可在盆土表面撒豆饼粉或浇1次浓液肥越冬。

4）其他：桂花可修剪成球形或独干式，因此在幼苗阶段，要及早选留一枝培养树干，当树干达到预期高度后摘去顶芽，使其发生3~5个分枝，形成树冠。枝冠形成后每年冬季入室前适当修剪，剪去纤弱枝、病虫枝、过密枝。有些品种的桂花树一般要培养十几年才能开花，只要它们生长正常，不用心急，到时候是会开花的。

◉ 病虫害防治

桂花常见虫害是蚧壳虫，可喷 2000 倍溴氰菊酯液消灭，并注意改善通风透光条件。

21. 扶桑

◉ 繁殖及栽培

（1）繁殖

扶桑一般采用扦插法繁殖。春季、梅雨季节、秋季均可进行，但以梅雨季节成活率高，家庭养花可选在此时。取当年生半木质化枝条，长 10~12cm，切口在芽基部，摘除下部叶片，仅留上部两个叶片。

（2）栽培

扶桑抗性强，管理可粗放些。

1）土壤：扦插成活后上直径 10cm 盆（3 寸），可采用 4 份沙质壤土、1 份粪土混合。2 个月后换直径约 17cm（5 寸）盆。3 年以上植株，每年春季 3 月换盆，换盆时盆底放些饼肥作基肥，并剪去部分过密须根。

2）浇水：春秋季一般每天浇水 1 次，夏季上、下午各浇 1 次，雨季要及时排除积水。春夏干燥多风季节和盛夏炎热天气，经常在叶面与地面喷水，以提高空气湿度。秋凉后渐减少次数。冬季节制浇水量，约 7 天浇 1 次，水量不宜多，以保持盆土略湿为宜。

3）施肥：扶桑喜肥，开花期间宜 7~10 天施 1 次腐熟的稀薄液肥，每次施肥后及时浇水松土，10 月开始停肥。

4）其他：扶桑生长过程中，必须有充足的阳光，若光照不足，而浇水又过多，会引起落蕾、落叶。另外，一般在早春对扶桑进行修剪，促发新枝。

◉ 病虫害防治

通风不良和光照不足，会使扶桑发生蚧壳虫和煤烟病的为害。

22. 八仙花

◉ 繁殖及栽培

（1）繁殖

可用压条、分株、扦插法繁殖。其中扦插最易生根，常在 5—6 月以嫩枝为插穗进行扦插。

（2）栽培

1）浇水：八仙花喜湿忌涝，所以浇水不宜过多，常保持土壤湿润为宜。夏季干热时，每日下午 3 时浇清水或用清水喷洒叶面 1 次。雨季注意排水，防止烂根。入冬以后，见干再浇。

2）施肥：生长旺季每周追肥 1 次，夏季干热时节，宜适当控制施肥，防止植株徒长。

3）其他：每年花后，宜适当修剪基部萌发过多的枝条，留基部 2~3 芽，防止树形杂乱。新芽伸长达 10cm 左右可摘心 1 次，促进分枝。

23. 贴梗海棠

◉ 繁殖及栽培

（1）繁殖

贴梗海棠根际易萌发蘖枝，所以多用分株繁殖，也可用扦插和压条繁殖。

1）分株：一般在秋季或早春将母株掘起分割，每丛带 2～4 根枝条，并且基部有根。3～4 年可以分株 1 次。

2）扦插：可在初春萌动时进行，选用去年生枝条作插穗，长 15～20cm，扦插时埋入土中 1/3，嫩枝扦插在生长期进行，扦插后遮阴，浇水，40 余天便能长出新根。

春季还可采用压条法进行繁殖。

（2）栽培

贴梗海棠既耐干旱又耐瘠薄，所以栽培管理较容易。

1）浇水：水分补充主要在春夏季，应不要使土壤太干，以保持湿润为宜。秋季落叶后浇 1 次透水越冬。

2）施肥：肥料太多易引起徒长。正常的管理应每年秋季在株丛根际施有机肥 1 次，植株生长不是十分瘦弱时，生长期不必追肥。盆栽时，每年深秋或初冬应施有机肥 1 次，春季花后宜追肥 1 次。追肥不宜浓。

3）其他：贴梗海棠是阳性树，地栽宜植于向阳处，盆栽也需置于阳光充足处。开花结果以短枝为主，故每年春季需将去年生长枝适当加以截短修剪，把隔年已开过花的老枝顶部剪去，以促使多萌发新梢。对交叉枝、重叠枝、徒长枝等也应疏剪，使之营养集中。夏季生长期间对生长枝要摘心，促使下部腋芽壮实。

⊙ 病虫害防治 ⋯⋯⋯⋯⋯⋯⋯⋯⋯⋯⋯⋯⋯⋯⋯⋯⋯⋯⋯⋯⋯⋯⋯⋯

贴梗海棠以蚜虫、红蜘蛛为害较多。蚜虫都发生在春秋两季的新梢上，红蜘蛛多在5月下旬以后发生。

24. 吊钟海棠

⊙ 繁殖及栽培 ⋯⋯⋯⋯⋯⋯⋯⋯⋯⋯⋯⋯⋯⋯⋯⋯⋯⋯⋯⋯⋯⋯⋯

（1）繁殖

多采用扦插法。最好避开炎热的季节，以在早春2—3月及秋季10月最为适宜。最佳发根温度为18℃左右。将枝条剪成8~10cm长的插穗（带2~3个节），基部叶剪去，随剪随插。扦插育苗一般用纯沙，也可用洁净的素沙土。扦插深度约为插穗长度的1/4~1/3。插后，以提高空气湿度为主，不要多浇水，土壤只需保持湿润即可，注意庇荫，20℃下2周左右可发出新根，即可移植于直径10cm（3寸）盆中。吊钟海棠也可播种繁殖，但需人工授粉。

（2）栽培

1）土壤：吊钟海棠要求排水良好的肥沃土壤，如果土壤含水过多，常造成根系腐烂而死亡。一般可采用菜园土4份、腐叶土2份、堆肥2份及河沙1份的比例配制。

2）换盆：扦插成活后，不宜在沙中久留，应及时上盆，忌用大盆。先移入小口径的盆，当幼苗长出第三对叶子后，留2对叶进行摘心促进分枝，随植株生长，再次移入直径约17cm（5寸）盆。

3）浇水：宜小水勤浇，忌大水，要掌握好盆土的干湿情况。盆上水多易烂，干燥易引起落叶，落蕾及落花。在气温高时，注意庇荫，在地面和叶面喷水以降低温度，提高湿度及减少蒸发。

4）施肥：吊钟海棠生长快，花朵随枝端的生长不断形成，需要足够的肥料才能满足其生长需要。生长季节每10天施液肥1次，现蕾后，每周1次，高温季节，如继续开花，仍可每周1次；但应相对降低肥料的浓度。如果生长处于停顿状态，必须停止浓厚的液肥，可施用淡薄的饼肥水。

5）其他：吊钟海棠不能暴露在强烈阳光下，高温和烈日会使叶片枯焦死亡。所以夏季宜置在阴凉通风处。早春和晚秋日照柔和，可不必遮阴，使之充分受到阳光照射。冬季要充分光照，并保证10℃～15℃的温度。

为了使吊钟海棠生长旺盛，植株长到一定高度时，要多次摘心，能使植株多分枝。摘心宜在冬季，新枝长出3～4对叶子时，要摘掉顶芽。立夏前再次摘心促发新的分枝。摘心后及时供给液肥。

植株开始旺盛生长前，进行1次修剪，疏去过密枝和纤弱枝，截去太长的枝条，这样可以保持良好的株形。

◉ 病虫害防治

在高温潮湿不通风的条件下，吊钟海棠常生蚜虫和粉虱，除改善条件以外，还应及时防治。

25. 木槿

◉ 繁殖及栽培

（1）繁殖

木槿易生根，以扦插法为主，宜在梅雨季节进行。一般可取

15cm左右长的枝条作插穗，也可进行长枝扦插，但为了防倒伏，长枝入土深度至少要有20cm。如果要在庭院中以木槿作绿篱，可直接扦插不必移栽，极易成活。

（2）栽培

木槿管理较为粗放。

主要是在旱季注意适当灌水，否则易导致早期落叶和枯梢死亡。生长期适当追施稀薄液肥，每年注意剪去枯枝，以求通风透光。

如果以木槿作绿篱，则应在早春发芽前与生育期间进行1~2次整形修剪，加以人工编织，使其自然愈合，长成整体，也可有意编成形状各异的花格等形式。

113

◉ **病虫害防治**

木槿主要虫害有蚜虫、尺蠖、卷叶蛾等，应及时防治。

26. 木芙蓉

◉ **繁殖及栽培**

可播种、分株、扦插或压条繁殖，以扦插和分株为主。

1）扦插：9—10月间选取当年生健壮枝条，剪15~20cm长，于湿沙中分层储藏，到次年春天2月下旬至上旬插于露地苗床，常规管理，成活率达90%以上。

2）分株：2月下旬至3月上旬进行分株。

分株前先于离地面 10cm 处截平，然后分株栽植，当年就能开花。

每年落叶后再截干，可使树长势旺盛。枝繁叶茂花多，木芙蓉养护管理方法简单粗放。

27. 紫薇

◉ 繁殖及栽培

（1）繁殖

可用播种、扦插及分株法。

1）播种：11—12 月采收种子，次年春天 2—3 月在沙质土壤中播种，播后遮阴，生长健壮者当年可开花。但最好剪除此花蕾，以使养分集中于树体生长。3 年后才开花结籽最好。

2）扦插：春季 3 月进行。采取硬枝，每段 10～15cm，插于肥土，深约 2/3，易发根成活。

（2）栽培

紫薇管理粗放，需移栽且须加强修剪。花后若不留种子宜将花枝剪去，并选用健壮枝进行缩枝，即将当年新枝大部分剪去，留 3～5cm 长，并结合施肥浇水，保证来年多开花。

28. 蜡梅

◉ 繁殖及栽培

（1）繁殖

蜡梅繁殖以嫁接为主，其次是分株，再次是播种，而扦插压条用者甚少。

1）嫁接法：以切接法为主，靠接法次之。

a. 切接法：宜在3—4月当蜡梅叶芽萌动，有麦粒大小时，抓紧时间进行。约在切接前1个月，就要从嫁接成长2～3年的壮年蜡梅树上，选最粗壮且较长的1年生枝条，截去顶梢，使养分集中于枝的中段。接穗取长6～7cm，削成切面，以略露出木质部为度。砧木用分株后培养2～3年的"狗蝇蜡梅"，也可用蜡梅实生苗（4～5年生），切时用刀不要太深。用塑料带缚扎，然后用堆土封住切口，接后约1个月，即可扒松封土，检查是否成活。切接法繁殖的蜡梅2～3年后，可开花。

b. 靠接法：多在5月前后进行。砧木应去顶，切口长3～5cm，用塑料带缚扎。1个月后，可开始分割。但最好分3次分割，每次割断1/3，可更好保证成活。用靠接的蜡梅虽然当年可成株，但生长较差，树形欠美观，所以用者较少。

2）分株法：分株多在3—4月结合蜡梅切接时进行，最好选择叶芽刚萌动时期。一般于第一年年底在离地20～30cm处，将准备分株的蜡梅品种或"狗蝇蜡梅"枝条一一截顶，促使母株积蓄养分。进行分株时，先在一丛母株四周将土掏出，用利刀撕下或劈开一部分，移出另栽，而在原处留2～3根粗大壮实的干枝不动，仍可留作母株继续栽培。

（2）栽培

盆栽蜡梅须精心养护，地栽蜡梅则管理较简单。

1）浇水：盆栽株每隔1～2年换盆1次，换盆后浇1次透水，先放在室内背阴处，等植株发芽后移入向阳处。正常管理：浇水要见干见湿，盆土不干不浇，浇水就要浇透。在通常情况下，春秋季每天浇水1次；夏天每天浇水两次（上午10时浇少量水，下午傍晚浇透水）。伏天消耗水分多，又正是花芽形成季节，浇水要充足，不然叶片容易变得干白，影响花芽形成。冬季入室，叶未落时，每隔三四天于中午浇水 1 次。水量不宜过多。约 20 天以后，叶片大部分脱落，应 5 ~ 7 天浇水 1 次。在花前及盛花期，浇水要适当，水多易落蕾，水少则开花不整齐。

地栽过分干旱时浇水，雨季注意排水。

2）施肥：盆栽株夏季一般需追施 1 ~ 2 次速效氮肥，花后换盆时可施入适当饼肥作基肥。地栽耗肥较少，一般不需追肥。

3）修剪：蜡梅发枝力强，素有"自古蜡梅不缺枝"的谚语。地栽蜡梅整枝一般采用独干培育。定植 1 年后，选留强壮枝条，其余枝条剪去，一年可长 1 ~ 2m 高，经几年可长到 4 ~ 5m 高，根际萌生枝条应去掉，花后及时整枝，每枝留 15 ~ 20cm 长，这样可以使枝条长得粗壮。花在凋谢前应摘除，不使结实，以使来年开花繁盛。盆栽蜡梅花后发叶前修剪，剪去枯枝、过密枝、交叉枝和病弱枝，并将一年生枝条留基部 2 ~ 3 对芽，上部剪除促使分枝，以后新枝每长出 2 ~ 3 对叶片后，进行 1 次摘心，促使多生短壮花枝，使树形匀称优美。修剪在 3—6 月进行。

盆栽蜡梅可育成桩头盆景。由于蜡梅具有生长力强，根际萌生分枝多的特点，故在自然条件下，枝条几经砍伐就能形成不平凡的古怪老根。留几根健壮枝，其余剪去，移入盆中。盆土采用肥沃疏松土壤，老根疙瘩上多堆积泥土，并保持潮湿，使其成活。以后逐年换盆时渐渐剔土提根，日久即可形成苍劲古雅的树形。

◉ 病虫害防治

蜡梅病虫害不多，有时有蚜虫为害新梢，应注意防治。

29. 一品红

⊙ **繁殖及栽培**

（1）繁殖

一品红一般用扦插繁殖，常用嫩枝扦插，也可用老枝扦插。

1）嫩枝扦插：在5—6月将老枝上粗壮的新枝自顶端向下剪取12～14cm的切段，切口在节下1cm处，切口要平，并剪除基部两片大叶，立即用草木灰涂抹伤口，以免流出乳汁，影响成活。把切条长度的1/3～1/2插于土壤中，浇足量的水，把盆置于阴处，20～30天可生根。

2）老枝扦插：于3—4月间将去年的老枝剪去顶端嫩梢，取其粗壮部分，剪成长12～15cm，带有4个节的小段。切口要平，把1/2的长度斜插于盆土中，浇水并注意保持一定的湿度，两个月后即可上盆。

（2）栽培

1）翻盆：一品红宜用pH6左右的酸性土壤，每年春季翻盆1次，首先把老株枝条进行重剪，每个枝条仅保留基部2～3节，其余全部剪除。翻盆时适当修剪老根，换入肥沃的培养土，浇水后置温暖阴湿处，待发出新叶后，移至阳光充足处，每隔20天左右施1次稀薄液肥。

2）定头、做弯、整形：一品红枝条生长初期，根据需要每盆选留粗壮的枝条3～4支，其余的剪除，称为定头。其枝条生长较快，易徒长偏高，而一般盆栽不宜太高，所以要用做弯来整形。当枝条长到15～20cm时，用铅丝或绳做弯造型，这一工作应在晴天下午进行，做弯前一天或当天不要浇水，使茎的细胞膨压降低，以免枝条脆嫩而容易折断。把枝条弯向盆面，用绳或铅丝固定。当其继续生长出 15～20cm时，进行第二次做弯，把枝条沿盆边水平方向引导，即平弯，用绳或铅丝固定。再隔10天左右，把已到盆边的枝条再向上引导。到9月中旬至10月下旬，在盆四周插入3或4根30～40cm长的细竹竿，以便绑扎枝条，绑时调整其长度，使盆内各枝条高低一致，以便使红色苞叶及小黄花处于同一水平面上。

3）冬季管理：一品红为喜阳、喜温畏寒植物，所以冬天要注意保暖，不要受冻和冷风吹袭，否则会造成叶发黄并脱落，影响观赏。盆土也要经常保持湿润，过干过湿也会造成落叶。

4）休眠期管理：开过花的一品红还有用，家庭养花者常于圣诞节前买回家，12年至次年1月开花后，叶枯花谢，这并不是死亡，而是进入休眠期，不要丢弃，管理好了明年仍会开花，把它放于室内温暖处，使其安全越冬。4月初，清明前后，把一品红花盆搬至室外，枝条留地上部约10cm，其余剪去。然后翻盆，剪去部分老根，换土，浇水，放于阳光充足处，按常规养护，施肥1～2次，不久就会从老茎上萌芽长叶。

草本花卉

1. 三色堇

 繁殖及栽培

（1）繁殖

可以采取播种法、扦插法。

1）播种法：一般在8—9月，将种子播于苗床，盖上一层薄土，

土面盖草。种子发芽最适温度为19℃，约10天出苗。苗长到5~6片叶时移植，分枝后可定植。

2）扦插法：多在6—7月进行。将泥土掺入一半细沙，装入花盆。插条宜剪取根茎中央新萌发出的嫩枝2~3节，插于盆土中，放置阴处，注意适量浇水。因为扦插是在热天进行，管理不便，故此法不常使用。

（2）栽培

1）土壤：要求富含腐殖质的疏松肥沃土壤。

2）浇水：生长期要求充足的水分，冬季控制浇水，平时水分适中即可。

3）施肥：三色堇移植成活后，施用稀薄液肥1~2次。开花后可减少施肥。冬季不施肥。春暖后结合浇水施稀薄液肥。

4）其他：经常松土、摘心，可促进生长开花。采种宜选在果皮由白变褐，果实由下垂渐伸直时，否则种子自然弹出，不易收集。

2. 金盏菊

 繁殖及栽培

金盏菊用播种繁殖，春秋均可播种。将种子直接播于苗床或花盆内，覆土以埋没种子为度。土壤保持湿润无须特殊管理，在21℃左右为发芽最适温度，发芽后待幼苗长出2~3片真叶时，即可移植，如于9月上旬播种的移植1次后，于年内即可定植于庭院花坛或花盆内。12月就能开出少数花朵，整个冬春都能不断开花。早春在室内播种的，5—6月也可开花。肥水管理无特殊要求，土壤保持湿润疏松，隔20天左右施1次稀薄液肥即可。室内盆栽要置于阳光充足之处即可。

金盏菊的种子有两种形状：一是船形，长10～12mm，宽8～10mm，在四凹入面中间有纵向的半月形隔膜。二是环形，种子卷曲呈近似圆筒形，背部有小突起。植物学上称其为瘦果。应在其多数仍带绿色且花盘边缘的瘦果开始发黄时采收，否则易脱落，阴天采收的则应及时晾干，否则会影响种子活力。

金盏菊极易退化变劣，故特别要注意选优良母株留种。

3. 瓜叶菊

◉ 繁殖及栽培

（1）繁殖

多用播种繁殖，也有扦插、分株繁殖。

1）播种法：播种期根据开花期来决定，一般从播种到开花需6～7个月。

于8月下旬或9月播种，开花期正好在1—5月。瓜叶菊种子细小，每克可达5300多粒，所以盆土要求细软疏松，按照腐叶土2份、砻糠灰2份和园土1份，并加少量磷酸二氢钾混合，作播种用土。种子均匀撒于土表，覆土要薄，用浸盆法，至上面全部湿润即可。盆面盖以玻璃，以保持湿度。每天换气，置阴处，温度最好保持在20℃左右，5～10天发芽，苗出齐后，揭开玻璃，并逐步移至阳光处，2～3片真叶时可移植。苗期必须通风透光，否则极易发生猝倒病和白粉病。

2）扦插或分株繁殖：重瓣品种不易结实，可用扦插。1—6月，剪取根部萌芽或花后的腋芽作插穗，插于沙中，20～30天可生根，培育 5~6 个月即可开花。也可用根部嫩芽分株繁殖。

（2）采种

在 3 月下旬选优良植株，即花色艳丽，生长健壮的留作母株，待 4 月上旬开花结籽时，可将多余的花蕾摘除，并摘除衰老的非功能叶，加强肥水管理，中午日光强烈时适当遮阴，促使营养物质大量输入种子，而结出饱满的种子，最好晴天采种，随熟随采，将种子置种子袋内，放阴凉干燥处储藏。

（3）肥水管理

定植于盆中的瓜叶菊，一般隔约 14 天施 1 次液肥。用腐熟的豆饼或花生饼，烂黄豆、烂花生经发酵腐熟也可，用水稀释 10 倍用。在现蕾期施 1~2 次磷钾肥，且少施或不施氮肥，以促进花蕾生长而控制叶片生长。在开花前也不宜过多施用氮肥，并控制浇水量，室温也不宜过高，否则，叶片过分长大也影响观赏。所以在四层叶片时，采取控制水肥进行蹲苗，冬季置于 10℃~13℃ 室温中。放于向阳处，则花色鲜艳，叶色翠绿可爱。定期转盆，使株形生长匀称美观。

◉ 病虫害防治

瓜叶菊在浇水过多，盆土湿度太大，氮肥过量，通风不良的条件下，容易发生白粉病，此病能侵染叶、茎、花梗及花，但往往叶片受害最严重。发病初期，叶片上出现白色小斑点，后逐渐扩大，叶表面如同敷了一层白粉，最后变成灰白色毛状物。被害部分生长畸形，严重时甚至整个叶片枯死，植株死亡。

防治方法：一是注意室内通风透光；二是浇水要适量，不宜过多；三是发现病叶后立即摘除；四是喷洒 25% 多菌灵或 50% 托布津 500~800 倍稀释液防治。

121

4. 雏菊

● 繁殖及栽培

采用播种繁殖，于9月初可播于露地，幼苗能露地越冬。因种子播种苗变异大，优良品种可用分株或扦插繁殖，以保留良种品性。

播种后，及时间苗，4月初定植。注意肥水管理，促使幼苗入冬前发棵，明春可提前于3月中、下旬开花。

5. 翠菊

● 繁殖及栽培

（1）繁殖

一般采用播种繁殖，春秋两季均可。4月播于花盆或露地苗床，播后应加遮盖。真叶6~10片时定植。秋播的应于9月播种，翌春4月定植。注意幼苗期防暴雨。

（2）栽培

1）浇水：不宜经常灌水，忌过于潮湿。夏季高温时，适当多浇水。

2）施肥：定植前施基肥，定植后为恢复生长可每半个月施肥1次。生长期追施液肥1~2次。

3）其他：6—7月以后为防止大风大

雨的破坏，需设立支架，以防倒伏。

为使花大色艳，宜适当疏枝，以每株保留5~7分枝为好。

翠菊苗适宜多次移栽，可防止徒长，同时须根多，使株形苗壮丰满。

6. 金鱼草

◉ 繁殖及栽培

（1）繁殖

常可用播种法和扦插法繁殖。

金鱼草多用播种法繁殖。8月下旬播种，播种前将种子置2℃~5℃低温中放几天，可提高发芽率。播种时因种子细小要和沙土掺在一起，这样播种均匀，然后铺一层土，用浸盆法渗水，或用细眼喷壶喷水，使土壤保持湿润，7~10天可出苗，幼苗4片叶时，进行移植并摘心。

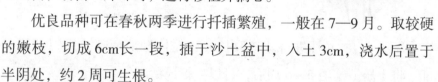

优良品种可在春秋两季进行扦插繁殖，一般在7—9月。取较硬的嫩枝，切成6cm长一段，插于沙土盆中，入土3cm，浇水后置于半阴处，约2周可生根。

（2）栽培

1）浇水：保持土壤湿润。在生长旺盛期，注意多浇水。

2）施肥：除栽植前施基肥外，生长期10~15天施液肥1次。

3）其他：金鱼草的高、中型品种，在长至4~5节时进行摘心，促使多分枝，多开花，并可使植株矮化。开花后及时剪除花穗也可延长花期。7月下旬重新修剪，可在国庆节再次花叶繁茂。切花品种不能摘心，但需随时摘除侧芽，使一枝独秀。

◉ 病虫害防治

金鱼草易生蚜虫，可用烟草水或敌敌畏1000倍稀释液喷洒防治，每隔1周喷1次，连喷2~3次即可。

7. 香石竹

◉ 繁殖及栽培

（1）繁殖

用播种、压条和扦插法均可，以扦插法为主。

扦插除炎夏外，其他时间都可进行，尤以1月下旬至2月上旬扦插效果最好。插穗可选在枝条中部叶腋间生出的长7~10cm的侧枝，采插穗时要用"掰芽法"，即手拿侧枝顺主枝向下掰取，使插穗基部带有节痕，这样更易成活。采后立即扦插或在插前将插穗用水淋湿也可。扦插上为一般园土接入1/3砻糠灰或沙质土。插后经常浇水保持湿度和遮阴，室温10℃~15℃，20天左右可生根，1个月后可以移栽定植。

压条在8—9月进行。选取长枝，在接触地面部分用刀割开皮部，将土压上。经5~6周后，可以生根成活。

（2）栽培

1）土壤：要求排水良好、腐殖质丰富，保肥性能良好且微呈碱性的黏质土壤。

2）浇水：香石竹生长强健，较耐干旱。多雨过湿地区，土壤易板结，根系因通风不良而发育不正常，所以雨季要注意松土排水。除生长开花旺季要及时浇水外，平时可少浇水，以维持土壤湿润为宜。空气湿度以保持在75%左右为宜，花前适当喷水调温，可防止花苞提前开裂。

3）施肥：香石竹喜大肥，在栽植前施以足量的粪肥及骨粉，生长期内还要不断追施液肥，一般每隔 10 天左右施 1 次腐熟的稀薄饼肥水，采花后施 1 次追肥。

4）其他：为促使香石竹多分枝多开花，需从幼苗期开始进行多次摘心：当幼苗长出 8～9 对叶片时，进行第一次摘心，保留 4～6 对叶片；待侧枝长出 4 对以上叶片时，第二次摘心，每侧枝保留 3～4 对叶片，最后使整个植株有 12～15 个侧枝为好。孕蕾时每侧枝只留顶端一个花蕾，顶部以下叶腋萌发的小花蕾和侧枝要及时全部摘除。第一次开花后及时剪去花梗，每枝只留基部两个芽。经过这样反复摘心，能使株形优美，花繁色艳。

喜好强光是香石竹的重要特性。无论室内越冬、盆栽越夏还是温室促成栽培，都需要充足的光照，都应该放在直射光照射的向阳位置。

香石竹为蔓生草花，立架扶持可以促使花茎直立挺拔，改善株间通风透光条件，提高切花产量和品质。

125

◉ 病虫害防治

香石竹常见的病害有萼腐病、锈病、灰霉病、芽腐病、根腐病。可用代森锌防治萼腐病，5mg/kg 氧化锈灵防锈病。防治其他病害可用代森锌、多菌灵或克菌丹，在栽插前进行土壤处理。

遇红蜘蛛、蚜虫为害时，一般用 40%乐果乳剂 1000 倍稀释液杀除。

8. 牵牛

◉ 繁殖及栽培

播种繁殖，春季可直播于墙篱、棚架、阳台种植槽或花盆等处，

真叶4~6片时定植。盆栽宜用大盆或木箱。因牵牛枝叶繁茂，需深厚而富含腐殖质的壤土，施些基肥，生长期肥水管理适当，则枝繁叶茂。用于盆栽观赏，则需整枝造型，控制生长。6片真叶时进行摘心，促进分枝，腋芽发生后，全株选留健壮芽3枚，其余均除去，这样可使花大形美。

9. 虞美人

◉ **繁殖及栽培**

种子繁殖，春秋两季都可播种。春季3月下旬播种，6—7月开花。秋季9月播种，翌年4—5月可开花。20℃为发芽最适温度。直播出苗后，及时间苗，株行距为30~40cm，也可播于小盆，长出4片真叶后，脱盆带土移栽于露地，或移至大盆。管理简便，对肥水要求不高。开花前，用稀薄腐熟有机肥追肥1~2次，花后剪去残花枝，可使其余花朵大而花期长。

10. 万寿菊

◉ **繁殖及栽培**

（1）繁殖

播种繁殖，春天4月初播种，发芽最适温度为21℃~22℃，发芽迅速，也可于夏秋两季用嫩枝扦插，易生根。种子的采收，应用9月以后开花所结果实留种，夏天结的瘦果发芽率低。当舌状花蜷缩失色，总苞发黄时，即使花梗尚青，也可立即采摘，晒干脱粒，储藏至来年播种。

（2）栽培

4月播种后，及时间苗，真叶发生后移植1次，6月初定植。管理粗放，对肥水要求不严，生长旺盛时，适当修剪，控制高度。夏季干旱时，注意浇水及通风。炎夏时易发生红蜘蛛为害，需及早防治。

11. 百日菊

◉ 繁殖及栽培

（1）繁殖

常用种子繁殖，也可剪枝扦插。一般春季4月播种，播后浇足水，种子要在黑暗条件下发芽，所以覆土要严，种子不要外露，发芽温度最适为22℃。1周后可出芽，幼苗5～10cm高时移植。由于百日菊侧根较少，应在小苗时经过多次移植，促使多生侧根。

扦插宜在夏季，但气温过高且多阵雨，应注意防护遮阴。

（2）栽培

1）浇水：百日菊耐干旱，平时浇水不宜过多，夏季稍勤浇水。高温雨季注意排涝。

2）施肥：养苗期施肥不要太勤，每隔1个月施1次腐熟人粪尿，同时进行1～2次摘心，促进多分枝，多出花蕾。生长旺盛期接近开花时可多施肥料，以含磷钾肥为主的腐熟液肥较好。花后从基部剪去花枝，可使其重新开花，剪后即灌溉，经

1周后可追肥1次，以后施肥较勤，花期可延长至11月。高大植株多施磷钾肥可以防止倒伏。播种3周后，可喷1%B$_9$溶液，可适当控制高度。

◉ 病虫害防治

8月生长势弱，易受红蜘蛛为害，应注意防治。

12. 金莲花

◉ 繁殖及栽培

（1）繁殖

多用播种繁殖，也可用扦插繁殖。春秋两季均可播种，播种前用40℃~45℃温水浸种，水自然冷凉后再继续浸泡24小时，使种子饱吸水分然后播种。盆土使用腐叶土1份，砻糠灰1份、园土1份混合土、或采用素沙土。盆土浇透水后，将种子撒播在土上，用细沙覆盖1cm，放于半阴处。每天浇水1次，7天可发芽。发芽1个月后可换盆，换盆时可放些饼肥在盆底做基肥，换盆后连浇透水两次，放于露地。

金莲花在生长期间用茎扦插也易成活。具体方法是：剪取茎梢3~5节，除去下部叶片作插穗，插在不含肥料的沙土中，保持12℃~15℃的土温，半个月可生根。

（2）栽培

金莲花的栽培管理比较容易，只要实行一般管理，不必特殊照顾。

1）浇水：要见干见湿，保持盆土湿润。如果盆土过干，常导致叶片变黄，过湿根易腐烂。蔓茎生长期水量宜适当多一些，孕管开花期应酌减。雨季注意排水，浇水后及时松土以利通气。

2）施肥：金莲花一般不宜多施肥料，特别是氮肥，以免枝叶徒长，影响开花。可在定植时施以少量基肥。以后约每月施1次即可。

3）其他：由于金莲花除矮性品种外，因茎系蔓生，盆栽宜设支架，上架前除留主枝和粗壮侧枝外，还要进行摘心。同时由于金莲花花叶趋光性强，栽培时宜经常转盆，保持其优美的株形。

◉ 病虫害防治

金莲花常有粉虱为害，可用稀释1000～1500倍的40%乐果溶液喷杀。

13. 凤仙花

◉ 繁殖及栽培

用播种繁殖，4月初播种，适宜温度为20℃～25℃，1周即可发芽，幼苗生长迅速，应及时间苗定植。管理简便，保持土壤湿润，生长期适当施2～3次液肥，盛夏蒸腾作用强烈时，应及时浇水，以防叶枯萎脱落，管理得好，可延长花期。

14. 紫茉莉

◉ 繁殖及栽培

多用种子繁殖，4—5月点播于庭院露地，7天左右即可发芽，

129

真叶发生后移植，或间苗后不移植，直接定植于庭院中，管理粗放。

15. 四季海棠

◉ 繁殖及栽培

（1）繁殖

种子繁殖和扦插繁殖都可以。种子成熟后可以随采随播，一般以 5—6 月采收的种子较好。也可收藏到来年春天再播。种子播于装有细粒培养土的浅盆中，因为种子细小，可以不覆土。用浸盆法给水。土壤充分湿润，上盖玻璃，放于半阴处，15℃时 1 周后可出苗，再过 10 天左右即可移栽。春播的种子，当年秋季即能开花。9 月播种的来年夏初可开花。播种苗较扦插的分枝性强，生长健壮。

扦插繁殖，一年四季都可进行，但以春天扦插较好，选取由腋芽长出的带顶梢的枝条，剪去下部一些叶片，插于沙土中，注意保温遮阴，气温 20℃左右时，一般 7 ~ 10 天即可生根。

（2）栽培

四季海棠栽培管理容易，幼苗长至 6 片真叶时顺摘心，以促使多分枝。及时修去枯枝黄叶，适当整枝使株形优美。及时剪去残花，促使萌发新枝及花蕾。

1）浇水：四季海棠是浅根性植物，要经常保持盆土湿润，营养生长时期要适当控制水分，防止徒长。花期要注意不要太干，以免落花落蕾。掌握见干见湿的浇水原则。

2）施肥：4月中旬以后每隔10天追施1次稀薄液肥。夏季高温季节，植株生长停滞，应减少肥水，遮阴、通风，不使过湿。切忌阳光直射，只能早晚见些散射光，若光线过强，叶片易蜷并出现焦斑，但若光线不足又易造成植株柔弱细长。室内宜置于窗台接受散射光照。

◉ 病虫害防治

四季海棠易得下列几种病虫害：

（1）斑点细菌病

在高湿高温条件下易发生。开始叶面有暗褐色斑点，逐渐蔓延成黑褐色轮纹状。病斑部有穴。可用等量波尔多液喷雾防治。也要改善通风条件，及时摘除病叶。

（2）茎腐病

在靠近盆土的基部茎叶上易发生，为茶褐色软腐状的坏疽病。偶尔也在上部茎叶发生。可用50%代森铵水溶液稀释1000倍后喷雾，并及时摘除病茎、叶，控制浇水量，加强通风条件来防治。

（3）蚜虫、红蜘蛛的防治

用敌敌畏80%乳剂稀释1000～1500倍后喷洒。

16. 鸡冠花

◉ 繁殖及栽培

（1）繁殖

采用播种繁殖，3月下旬至4月中旬播种，种子细小，可不覆土。在17℃～25℃的温度下，湿度合适7～10天即可出苗。

（2）栽培

当幼苗长出 3～4 片真叶时，即可定植。鸡冠花适应能力强，栽培管理容易。根系发达，耐贫瘠，故庭院中可将其栽植于土质较差的地方，但阳光必须充足。一般情况下，无须浇水施肥，肥料及水分太多反而会使其疯长，不但长得太高，还容易生出分枝，这些分枝不能开花。在管理中要及时摘除侧枝，以使主枝上长成大型鸡冠。当鸡冠成形时，可施以磷肥，以促进花序长大。盆栽时，先植于直径 10cm（3 寸）盆，宜稍深植，仅留子叶在土面上。在生长前期要控水控肥，防止疯长，促使早日长出花序。当出现花序后，换入直径约 17cm（5 寸）盆，或直径约 23cm（7 寸）盆，并用肥土。这样经前期控长，多次移植，后期加肥的措施后，可使植株矮化，且花序肥大厚实。适于盆栽观赏。

17. 千日红

 繁殖及栽培

千日红于 4 月初播种于露地或花盆中。播前宜用温水浸种催芽，方法：将种子用纱布包好，放在浅盆中，每天用清水冲洗 1～2 次，置于 20℃左右。待种子萌动后，再拌以细土播于苗床或盆中。加强肥水管理，出 6 片真叶时移植，也可直播。移栽后遮阴，保持适当的土壤肥力和湿润。

18. 鹤望兰（天堂鸟）

◉ **繁殖及栽培**

（1）繁殖

可用分株、播种、芽插等方法。一般以分株法为主。

当母株长出 4~5 个叶丛时进行分株，一般选在早春新芽萌发前。首先从盆中挖出母株，抖去泥土，用利刀将叶丛连同下面块茎和一部分须根切开，在伤口涂以木炭粉，防止腐烂。选用较大和深的瓦盆，土壤以腐叶土、泥炭土、素沙各 1 份，混合，加入适量磷钾肥料作底肥，将切块栽植。栽后浇透水置于阴凉处。每天清水喷洒叶片，不要天天浇水于盆土中。

用播种方法必须先进行人工授粉，种子成熟后，采种，并立即播种。

（2）栽培

1）浇水：育苗期不要天天浇水，防止烂根。待新叶萌发后，可天天浇水，促进新叶生长。炎热夏季除日常浇水外，应用清水喷洒叶片及周围地面，以增加空气湿度，多雨季节注意排水。冬季室温不得低于 8℃，少浇水，多见阳光。

2）施肥：生长季节每隔两周追施稀薄液肥 1 次。

3）其他：为了花开得多，栽培管理中还应保持适当的温度（23℃~25℃）和充足的阳光，特别是花芽分化期，应使温度稳定和缓慢上升。

19. 一串红

⊙ **繁殖及栽培**

（1）繁殖

多采用播种法和扦插法。

1）播种法：采种工作应把握时机，一般应在整个花序中部小花花萼已失色坚果刚成熟时，摘采整个花序，晾干落粒，储存。播种在3—6月皆可进行，播后覆土，保持湿润，气温15℃以上。最佳发芽温度为21℃，光照充足利于发芽。

2）扦插法：可于夏秋6—8月扦插，插穗取组织充实的嫩枝，摘去顶芽再插，生根容易。在夏季高温干燥季节，注意庇荫降温，经常喷水，保持湿度。雨天注意排涝。

（2）栽培

1）土壤：以肥沃疏松富含腐殖质的壤土或沙质壤土为宜。

2）浇水：平时不喜大水，否则易发生黄叶落叶现象，造成株大而稀疏、开花较少的情况。浇水要掌握"干透浇透"，盆土经常过湿，通气不良，也会影响新根萌发。在生长旺季，可酌加浇水次数和水量，空气湿度以60%~70%为宜。

3）施肥：生长旺季，可追施含磷液肥1~2次，促使开花茂盛。

4）其他：生长期间要经常摘心整枝、控制植株高度和分枝数，促使花序长而肥大，开花整齐，也可延长开花时间。气温在20℃以上时疏蕾摘心，仅30天可进入盛花期，在9月中旬摘心，则可于国庆节盛开。

光照太强对一串红花序形成有影响，因此夏季应注意适当遮阴，同时注意提高空气湿度，保持空气流通，防止病虫害发生。

◉ 病虫害防治

　　病害主要是由于地湿、气湿、严重荫蔽、不通风、不通气引起的枝叶腐烂，应及时采取措施，改善环境条件。虫害主要是干热条件下，红蜘蛛、蚜虫的迅速繁衍。

20. 非洲菊

◉ 繁殖及栽培

　　（1）繁殖

　　可采用播种法或分株法。一般在8—9月播种，种子成熟后即行盆播，否则易丧失发芽力。饱满的种子发芽率高。播种后放置荫蔽处保持湿润，20℃~25℃在10~14天发芽。发芽后可置有阳光且通风良好处，待子叶完全展开便可分苗。栽植时适当修剪根尖，促使多生须根。分苗后根据植株生长情况及时换盆。

　　分株繁殖一般在第一花期以后，于7—8月，可以结合翻盆换土进行。

　　（2）栽培

　　1）浇水：苗期保持湿润即可，不宜太湿。生长期间若逢干旱，适当增加水量，平时保持湿润。浇水时忌将水淋到叶丛，以免花叶腐烂。若10月左右移入室内培养，当室温较低，阳光不充足时，可停止浇水。

　　2）施肥：掌握"少施勤施"的原则，一般可每隔7~10天追施稀薄液肥1次。

　　3）其他：经常摘除生长旺盛而过多的外层老叶，有利于萌发新叶和新的花芽，也有利于通风，能使不断开花。

为了使种子饱满，在盛花始期，应选择花大色艳、植株健壮的单花进行人工授粉。采收种子要及时，防止过熟而飞散，采后种子阴干，放入纸袋内。

非洲菊是著名的切花花卉，剪取的适合时间，为最外轮雄花出现花粉时，过早容易萎蔫。

◉ 病虫害防治

非洲菊养护不当，易引起根腐病即烂根。病因和防范措施如下：一是盆土排水不畅，黏重，易导致烂根，宜选用肥沃疏松，排水良好的培养土。二是休眠期和苗期浇水过多。一般休眠期应见干时再浇水，苗期保持湿润即可。三是分株繁殖时，栽植过深，也易引起小苗腐烂而死，以新芽露出土面为宜。

21. 马蹄莲

◉ 繁殖及栽培

（1）繁殖

一般用分株法，也可用播种法。分株法宜于秋后8—9月种植。挖取母株根茎四周萌发的小曲蘖芽分栽。种植时均用较大口径的泥盆，每盆植4~5个芽，芽要放正向上，覆土稍厚，浇水足，放在半阴地。2周左右可生根。

（2）栽培

1）土壤：一般用园土加砻糠灰。

2）浇水：抽芽前保持盆土湿润，浇水量随叶片增多而增加，生长期充分浇水。浇水量过少，叶柄就会因失水而折断，浇水过量也不好，会造成烂根。5月以后，天气开始转热，叶开始枯黄，可减少浇水，将盆侧放，令其干燥促其休眠，叶子全部枯黄后取出块茎，放置通风阴凉处储藏。

3）施肥：马蹄莲好肥，但肥量过多或过少都会引起叶子发黄。一般每隔10～15天施腐熟液肥1次，开花期间以施磷肥为主。

4）其他：发芽长叶后应置于阳光充足之处，冬季移入10℃以上的室内，令其充分享受阳光。另外平时枝叶繁茂时，应注意将外部老叶摘除，以利花梗抽生。马蹄莲易受烟害，经常受烟熏会引起黄叶，影响开花，所以要注意流通空气防止烟熏。

22. 天竺葵

● 繁殖及栽培

（1）繁殖

扦插繁殖。以4—5月和9—10月扦插最好。夏季不宜扦插。春季扦插的当年冬季或来年早春可开花，秋季扦插的次年晚春可开花。用排水良好的沙质壤土，拌以40%砻糠灰，或用河沙作扦插用土。也可用水插法，将插条插于盛水的瓶中，待刚长根时即植于花盆中。保持土壤湿润、通气，根可很快长出。天竺葵插穗宜选长势强健的枝条，每穗长6～10cm，有2～3节，在节下用快刀削平，剪去下部1枚叶片，留顶端1～2枚叶片，在阴凉处放1天，待切口干后，先把扦插置入花盆用浸水法吸足水分，然后用细竹竿或竹筷打洞，再将插穗插入，以

免直接将枝条插入时擦破切口的茎皮组织，影响生根。插入深度为全长的 1/3～1/2。插好后，在其四周用手将土压紧，使土、沙与枝条密切接触，有利于吸水。经常保持湿润，注意通风，置于半阴处。约 20 天可发根，及早上盆。

（2）栽培

1）土壤：培养土可用腐殖土 1/3、砻糠灰 1/3、园土 1/3，再适当加些骨粉、过磷酸钙或蛋壳粉，拌和后使用。天竺葵因生长快，每年需翻盆 1 次。更换新土，一般在 8 月中旬至 9 月上旬进行，翻盆前 1 周先对植株进行修剪，留下基部 10 余厘米，这 1 周内不可浇水，施肥，以免剪口处腐烂。翻盆时倒出盆土后，可适当修剪去一些较长的根和上部一些多余的萌芽。

2）浇水：天竺葵最忌盆中积水，浇水要适量。过量会引起徒长或烂根。春秋生长开花旺盛时，水量可多一些。夏季气候炎热，植物蒸腾作用快，土面蒸发量也大，所以宜保持土壤湿润，但不要过湿，冬季温度低生长缓慢，适当控水，不必太湿。

3）施肥：盆内除施用足够的基肥外，每隔 2 周施稀释液肥 1 次，开花盛期可每周 1 次。夏季 7—8 月高温时植株生长也减慢，不宜施肥。

4）光照：天竺葵冬春喜充足阳光。夏季气候炎热，宜放于庇荫处，忌阳光直射。要求通风凉爽的环境条件。

5）修剪：为使株形美观，开花数多，要适当修剪。在 3—4 月植株如生长旺盛，可进行疏枝修剪。开花后及时剪去残花及过密枝条，使株形圆满。修剪后不可使伤口受水，以免腐烂。

23. 君子兰

⊙ **繁殖及栽培** ∙∙

（1）繁殖

主要采用分株法和播种法。

1）分株法：是君子兰的主要繁殖方式，多在4—5月、9—10月间结合翻盆进行。分株时必须带有一定数量的根，将枯死腐烂的根剪除。君子兰根茎周围的分蘖（俗称脚芽），长到15cm以上时，才能从母株分离，分割后在伤口涂木炭粉防腐，种植时不宜过浅，需将土压紧，水浇透，一般20~30天可生新根。

2）播种法：君子兰有大粒种子，从坐果到果实成熟需9.5~10个月之久，这时果皮由青绿色变成红褐色，当用手按摩果实，感到种皮已变硬，种子在果实内可活动时，即可采摘，然后逐个剥开果皮取出种子，再剥掉种子外面的一层肉膜，用水洗净后立即播种。

采用含腐殖质丰富的沙壤土，盆播时，盆底先铺填一层瓦砾，君子兰的种子很大，可采用点播法，把种子均匀地按入盆土内，一定要让种脐朝下，上面覆土1.5cm，浇透水后，放在20℃~25℃室温下，土温不低于15℃，保持盆土湿润，经40~50天种子可发芽，发芽后适当控制水分并给予充足的光照，待幼小植株长出2片叶子时，可分盆培养。

（2）栽培

1）土壤：君子兰适宜用含腐殖质丰实的土壤，这种土壤透气性好、渗水性好，且全质肥沃，具微酸性（pH6.5）。在腐殖土中渗入20%左右沙粒，有利于养根。栽培时用盆随植株生长而逐渐加大，

139

栽培一年生苗时，适用10cm盆。第二年换16cm盆，以后每过1~2年换入大一号的花盆，换盆可在春秋两季进行。

2）浇水：君子兰有发达的肉质根，能储存较多水分并有一定的耐旱性。一般经验认为土壤含水量以30%左右为宜，掌握在盆土表面见干再浇，冬季3~5天浇水1次，春秋季可1~2天浇水1次，夏季适当增加浇水次数。苗期需水少，开花期需水多。浇水时勿把水浇在叶片上以防叶子腐烂。发现叶上有灰尘时，可用软布轻擦叶面，也可用软毛刷掉刷，不要大量淋水洗刷。

3）施肥：君子兰喜肥，但肥料过多会造成烂根，除施底肥外，追肥宜采用"薄肥多施"的方法。换盆时施底肥。春秋两季每隔1月施1次发酵后的固体肥，再每周施1次液体肥，冬夏最好不追肥，整个植株可依靠春秋两季积累的营养物质缓慢生长。施固体肥时，扒开盆土，埋入土中2cm深，不要直接接触根系，以免烧伤；施液体肥时，小苗肥、水以1：40较好，大、中苗以1：20较好，施肥时间以清晨为宜，忌溅到叶片上，施液肥后应及时浇水1次，但水不必太多，一方面溶解肥料，另一方面可将新长出的肉质根冲洗一次，以防止伤害新根。季节不同，肥料种类有所侧重。冬春季偏施磷钾肥，如骨粉等；秋季偏施氮肥，如豆饼水；夏季常用根外追肥，用0.1%磷酸二氢钾或过磷酸钙等喷洒叶面，根外追肥一年四季都可进行。

4）光照：在整个栽培过程中，尽量不让植株受日光直射，每天需有4小时左右的散射日光，光照过强会使叶片变窄。君子兰夏季忌高温和烈日照射，应把君子兰放置在空气湿度较高和阴凉环境中，注意通风。冬季君子兰畏寒，应把它搬至室内放在光线充足的位置，室温在5℃左右就能安全越冬。如果有条件，最好能保持环境温度稳定在 15℃～25℃。

5）其他：鉴别君子兰的标准中有一条是叶片应向两侧斜上方生长，并呈扇面形排列。要达到这样的株形，除应选择短叶品种外，在养护时可调节光照方向，使叶片的伸展方向与光照方向平行，也即是使一侧的叶片尖端指向光源，室内则指向窗口，并每隔 1 周将花盆转 180°，使另一侧的叶片尖端指向窗口。这样可使不断长出来的叶片排列整齐，正面看如一开放的扇面，侧面看像一条线。也可在播种苗生长 1 年后，就用铅丝弯成"丁"形的框架，把叶片卡在里面来加以控制，1 年以后再把铅丝框拆掉，这样可防止叶片长得东倒西歪。如果以后还有个别叶片偏斜，可用黑纸糊一个纸套把它套住，10～15 天可自然伸直。

◉ 病虫害防治

（1）根腐病

其症状为叶片从叶端开始发黄，新叶发生较少或不生新叶。原因是盆土含水过多或栽植时病菌从断根伤口侵入引起的。解决方法：把植株从土中小心挖出检查，若根系小部分腐烂，可切除腐烂部分，切面涂以硫黄粉或草木灰，以后换新土重新栽植。若大部分根系腐烂，则从根茎处把根系全部切除，用稀释 200 倍的硫酸铜水溶液消毒，然后再插入河沙，盆沙保持湿润偏干，放置于通风庇荫处，使其重新生根。

（2）日灼病

叶片全部变黄，是由夏季长时间强光直射引起的。应采用遮阴栽培，已发黄的叶片可以剪去。

（3）炭疽病

此病多发生在多雨潮湿季节，病斑以中、下部叶片边缘处居多。发病初期叶片上出现湿润状褐色小斑点，以后逐渐扩大呈椭圆形病斑，并在病斑上产生同心环纹，后期病斑干枯，其上散生许多小黑点。防治方法，一是深秋或早春清除枯枝落叶并及时剪除患病枝，一并烧毁；二是发病前喷洒 65% 代森锌 600 倍液保护；三是合理施肥浇水，注意通风透光；四是发病初期喷洒稀释 500 ~ 800 倍 50% 多菌灵液，或 50% 托布津液，或用稀释 600 ~ 800 倍 75% 百菌清液喷洒。

（4）"夹箭"

君子兰在栽培中常发生孕蕾后不能抽出花葶，无法开花的现象，称为"夹箭"。夹箭的主要原因是温度不合适。君子兰的花期大都在12 月到次年 3 月，这时室温如果低于 14℃，昼夜温差又很小，花葶抽出后会生长缓慢而引起夹箭现象。解决方法是：当花葶露头时，应立即把室温提高到 20℃以上，夜间室温最好在 12℃左右，使昼夜温差达到 8℃以上，就能防止夹箭。也可用 25℃温水灌入土壤催箭。室温过低时，可用塑料薄膜做成筐子罩于花盆外，置于阳光下，以增加温度催"箭"。

肥水管理不当也会造成"夹箭"现象，所以花前要施足肥料，促使花蕾花葶生长有足够的养料。花葶生长时需要足够的水分，才能很快伸长，因此在花葶露头至开花前应保持土壤湿润，并施以少量液肥。

宿根及水生花卉

1. 兰花类

◉ 繁殖及栽培

（1）繁殖

因种子内胚常发育不完全，故常规播种很难发芽，所以常用分株繁殖，结合翻盆进行。一般品种 2 ~ 3 年 1 次，名贵品种 4 ~ 5 年

1次，分株多在新芽未露之前进行。一般早春开花的品种在秋末分株，夏秋开花的品种在早春分株。

选择生长繁茂、健壮的母株，春兰要四五束（筒）、蕙兰要八九束才可以分株。选定母株后，使盆土略干，以降低根部细胞膨压，这样分株时不易断根。将兰株从盆中轻轻翻出，抖落泥土，剪除腐根和部分老叶，切勿伤及幼芽。然后将根浸于清水中，用旧牙刷或毛笔轻轻刷洗，洗净泥土后放在阴凉处，待根色发白并有细小皱纹而柔软时，就可分株上盆。

（2）上盆

植兰以瓦盆为佳，这种盆通气性好，容易发根。选盆口大而深，底孔大的为好。花盆必须内外洗净。在盆底孔上覆盖小块塑料窗纱或棕衣，以防蚂蚁等虫爬入盆内筑窝而伤害兰根。盆底用洗净的碎瓦片或蚌壳 4~5 个叠成馒头形，上面再铺一层粗沙，约 1cm 高，再填较粗的山泥粒，约填盆之半时，把已分好的兰花植株放入盆的四周，防止泥进入叶心。再加山泥，当距盆口 2~3cm 时，将植株稍向上提，以舒展其根，并轻轻摇盆，再用手将根际土壤压紧填实，勿使根下留有空隙，盆面要中间高，四周低，略呈馒头形，上面最好再铺上翠云草或细石子，最后用细眼喷壶浇透水，这样可避免浇水时造成土面板结，并可减少水分蒸发。把盆置于庇荫处，1 个月之内不可直接被太阳照射。这段时间浇水不可太多，以免盆土过湿，但空气要湿润，15~30 天便能发根成活。

（3）选购

家庭养兰花，常以选购为主，如何鉴别好坏是很重要的，现把鉴别兰花优劣的标准介绍如下：

143

1）根：以圆而细且数量多者为好。

2）叶：以基部紧，中上部阔、软而下垂者为佳。

3）花：花色以嫩绿为上，浓绿次之，赤绿更次之。花红色鲜明者也佳。素心，即全花一色的更佳。

4）花香：以清雅、纯正、温和者为佳，有过于强烈之异味者为劣。

5）花瓣：花心的外三瓣以均匀而质地稍厚并有柔软之感的为贵。主瓣阔，副瓣窄或瓣外翘者为劣。

6）肩：以"平肩"为上品（以主瓣为中心，左右两瓣水平伸展的称平肩）。两侧瓣稍向上称为"飞肩"的也佳。如肩下斜称"落肩"的则次之。

7）棒心（即内三瓣）：以光洁、柔软者为上。

8）舌：短而圆、阔大者为佳。

9）点（指舌瓣上之点）：春兰舌上之点必须整齐，杂乱而色暗者为劣。

市场上的兰花都在开花前供应，所以花苞成为鉴别及选择优良品种的主要对象。可从花苞外形和苞衣色泽上来识别。春兰开一朵花，比较容易鉴别。花苞的形态以短而圆，状如黄豆或花生的为好，开花时花瓣也往往短而圆。如果苞衣尖端带有白点，这是梅瓣、水仙瓣的主要标志；苞衣色泽鲜艳而有光泽，脉纹细密，并由基部直通顶部，而且层层紧紧抱合，其花瓣可能是净绿的。素心种苞衣往往呈白绿色，如薄纱。

夏兰特征没有春兰明显，苞衣紧密抱合，色泽明显具光泽，苞衣厚而短，苞衣尖端向内卷而起兜者，往往是上品。这些只能作一参考，真正好坏尚需待开花后再作鉴定。

（4）养护管理

1）放置场所：兰花忌强烈阳光照射，喜阴，宜放于通风阴凉处，并避免煤烟及有毒气体及粉尘的为害。所以记住："爱朝日，避夕阳，喜南暖，畏北寒，忌煤烟"这几句口诀。还要注意四戒，即"春不出，夏不日，秋不干，冬不湿"。所以家庭养兰，宜置于庭院或天井的阴湿处，也可放于用帘子遮阴的阳台上，冬天可放于室内。冬天适当晒太阳，春末至秋初忌烈日暴晒。花盆宜半个月转盆1次，使兰花四面受光，有利于生长均衡。

2）浇水：兰花宜干不宜湿，俗话说"干兰湿菊"。水质以河水、雨水为好，自来水必须储存1天，把有害气体挥发后用为好。兰花土壤忌过湿，但空气环境要湿润，所以在干旱季节，除遮阴外，还需喷雾，增加空气湿度。

3）施肥：兰花喜豆粕、饼肥，也可施用酸性化肥，如硫酸铵、磷酸二氢钾等。在生长旺季每隔15～20天施用1次稀释的液肥，全年共4～5次即可，休眠期切不可施肥。

4）修剪：经常把枯黄的老叶和折断的叶片剪去，以利通风，并保持株形美观。发现病叶更应及早剪除，以免传染。花芽如数量较多可适当疏去一些弱小的花芽，以使养分集中。当春兰花开7天左右，待兰花开到顶端最末一朵时即可全部剪去，不必等到花谢，这样可少消耗养分。

◉ **病虫害防治**

（1）炭疽病

炭疽病是兰花普遍的病害，全年都可发生，在温暖湿润的季节尤甚。发病部位从叶直到根茎处都有，为黑色病斑。发现后除直接剪除病叶外，立即加强通风条件，并用1%等量波尔多液或用多菌灵液防治。

（2）白绢病

梅雨季节易发生，在植株基部缠满白色菌丝，不久生出油菜籽样的菌核，此时因根基已经腐烂，所以极易用手拔掉。除注意梅雨季节加强通风条件外，也可撒上石灰或多菌灵来防治。如已发病，则须去掉四周带菌的土壤。

（3）介壳虫

俗称兰虱，可用 10%氧化乐果液防治。也可人工剔除。

2. 芍药

◉ 繁殖及栽培

（1）繁殖

芍药的传统繁殖方法是分株与播种。由于播种繁殖的后代易发生变异，因此一般仅在培育新品种时采用这种方法。分株繁殖虽能保持原品种的特性，但繁殖系数低，而且分株后的母株，第二年观赏价值降低。近年来有人用扦插繁殖法，效果良好。现将扦插繁殖方法介绍如下：

1）采集插条：于 7 月中旬，当芍药种子成熟时，采集插条进行扦插，效果最好（可结合采集种子和修剪整形进行）。选健壮无病虫害的枝条，长 10～15cm，带两个节，将上面的一片复叶剪去大部分，留少许，下面的复叶连叶柄一起剪去。插条下端剪成斜面，上端剪成圆形。

2）插床的准备：选地势较高，排水良好的地方作扦插苗床。插前先将床底土翻一遍，然后铺上经 0.5%高锰酸钾溶液消毒过的河沙，在床的上方搭棚。

3）扦插：深度以插条的 1/2 为宜，

株行距一般以叶片互不遮阴为度。插后浇透水，并盖上塑料薄膜，再用苇帘子遮阴。

4）插后管理：一般插床基质温度在28℃~30℃，湿度为50%时最宜生根。插棚内温度保持在20℃~25℃，湿度为80%~90%为好。如管理得当，一般20~25天可生根，生根后应减少浇水量，及时揭开塑料薄膜，以防温、湿度过高影响幼苗的生长。

5）幼苗管理：芍药幼苗生长缓慢，扦插苗当年不宜移栽，以免伤根难以越冬。所以一般幼苗在扦插床上越冬。当幼苗叶片枯萎后，浇透冬水，过几天后覆盖20cm的土层，就可安全越冬了。第二年春季4月中旬左右，撤去防寒土。待小苗放叶后，移植到露地栽培。

用此法繁殖的芍药，不仅成活率高，而且生长良好。

分株繁殖可在9月中旬至10月上旬进行，不宜太迟，更不宜在春季进行。9月中旬至10月上旬新芽已形成，分株后地温尚不太低，根系还有一段恢复生长时间，有利于来年生长。分株的年限因栽培目的而异。作为观赏栽培时，通常可以6~7年分1次。以采根药用为目的的，3~5年分株1次。分株时，先把地上茎叶齐地面剪去，再将根全部挖起，抖去泥土。根据原墩株丛的大小，每株4~6枝，分成若干株，切口用硫黄粉和草木灰涂抹，晾干1~2天，使根变软些，栽植时不易折断。栽植深度不宜过深过浅，注意根系完全伸直，以芽顶低于地面5cm为准。

芍药宜植于地势高燥之处，栽植前土地要进行深翻，并施以充足的腐熟堆肥、厩肥和骨粉，覆土后将土轻轻压实，浇透水，待水渗入后松土通气。

（2）栽培

1）浇水：芍药较耐旱，故浇水宜见干再浇，但在开花前宜保持湿润。

2）施肥：芍药喜肥，一般用人粪尿、豆饼、堆肥等，注意氮肥不可过多，要适当增加磷肥。一般施追肥3次：发芽后1次，花后1次，秋冬再施1次。

3）其他：芍药花期管理中应注意疏蕾，即在发生花蕾时，每枝花茎只留顶生花蕾，而将侧蕾疏去。开花时立支柱以避免倒伏。避免阳光直射可延长开花。花落后及时剪去花茎。

◎ **病虫害防治**

芍药的病害甚多，主要与牡丹相同，参见牡丹的病害防治。虫害以红蜘蛛、蚜虫为主，可喷稀释1500～3000倍的乐果。

3. 萱草

◎ **繁殖及栽培**

多用分株法繁殖，春秋均可进行，最好在枯叶后至萌发前。从母株上分出每丛2～3芽的块根，开穴30cm，施足基肥，盖细土，压实浇透水。株丛生长较快，每隔3～4年可分株1次，如果长期不分，反而生长不良，花愈开愈少。

播种繁殖：于秋天采种后即播，次春发芽。如春播，则采种后沙藏，来年春播后发芽迅速整齐。实生苗一般两年后开花。

栽培管理简便，除施足基肥外，生长期间适当追肥，注意除草即可。

4. 菊花

◉ 繁殖及栽培

（1）繁殖

菊花以扦插繁殖为主，有时也可用嫁接法或播种法繁殖。

1）扦插繁殖。

a. 芽插法：秋菊自现蕾开花起至来年春季这段时间内，其地下茎上陆续萌芽，出土后称为脚芽。初出土时叶片尚未展开的芽，称抱头芽，这种芽作插穗，生根快，易于成活。从11月到次年5—6月都可进行芽插。

但以秋末冬初萌发的第一代脚芽扦插最佳。它们生长健壮，生命力强，不易退化。

b. 枝插法：在4—5月用越冬母株或秋冬扦插的脚芽长成的新株作母本，以生长旺盛枝条顶部的嫩梢最好，剪取顶端约10cm长的嫩枝作插穗，茎的切面应为绿色而充实的为好，如果是白色、絮状而中空的则不能用。把插穗下部叶片去掉，仅留顶端2~3片叶子，基部削平，插入苗床或盆内，先用竹签开洞，然后将插条全长的1/3插入洞中，将插穗旁的泥土压紧。喷足水，放在15℃~20℃和空气湿润的条件下养护，15~20天可生根，生根后盆土以稍干为宜，但不可断水。当幼苗长到5~7片叶时，可移植露地或花盆内。

2）嫁接繁殖。

此法多用于培育大立菊、培菊（俗称十样锦）。砧木常用青蒿、黄蒿、白蒿等。因为这些植物适应性及抗逆性较强，且根系发达，生长势旺盛，可以为接穗提供丰富的养料，使之长成一株枝叶茂盛的菊株。如有的大立菊开花多时可达上千朵。嫁接常用劈接法，接后适当遮阴并经常喷雾，以防接穗萎蔫，提高成活率。接后20天除去绑扎带，待长势良好后，把接口以下砧木上的蒿叶除去。

（2）栽培管理

菊花的栽培管理因造型不同而有很大差别。下面介绍盆菊、地菊、案头菊和盆景菊的栽培。

1）盆菊的栽培。

a. 上盆：将扦插成活的幼苗移入23～26cm口径的花盆内。因菊花怕涝，所以盘底的排水孔上方除垫碎盆片外，还要再垫以粗沙砾，以利排水通畅。培养土要疏松并富含腐殖质，可用园土4份、腐叶土4份、河沙1份、草木灰1份和骨灰适量混合而成。

菊苗上盆后，养护管理中要注意水、肥、摘心、整形、除蕾几个关键。

b. 浇水：菊花喜湿润忌水渍，浇水过多易使菊株徒长、茎节伸长、叶片稀疏。土壤中也会因水分多空气少而使根系腐烂，但浇水不足也会影响其生长发育。所以要根据不同的生育阶段以及盆土的干湿情况灵活掌握。菊花苗期耗水较少，要控制浇水，摘心后也要控制浇水才能使腋芽饱满，以后发枝粗壮。随着菊苗长大、气温升高，耗水量也增大，此时可适当多浇；梅雨季节雨水多，空气湿度大可少浇水，若雨后盆内有积水要及时侧盆倒水。夏季气候炎热，菊株蒸腾强烈，耗水量大，可早晚浇水，并常向四周喷雾以增加空气湿度。秋季菊株生长旺盛，盆上宜稍干以控制高度，防止徒长，有利花芽分化。一般以上午10点左右浇水为好，因为白天菊株在高温、强光下蒸腾量大，体内水分处于不饱和状态，使细胞的分裂和生长减缓，所以午前浇水不致引起植株徒长。到夜间温度降低、蒸腾减弱，适宜细胞生长时，由于盆土经一天的蒸发和菊株的吸水蒸腾已消耗了大量水分，湿度已降低，从而限制了生长。所以傍晚浇水不要过量，才能控制徒长。菊株含苞待放时可适当多浇些水，以利花蕾生长，花蕾露色后，花瓣迅速生长时更不能脱水，否则花朵变小，花形难看，影响观赏价值。浇水时不要使盆泥溅污叶片，否则容易落叶，也不要把水浇在花朵上，以免引起腐烂。

c. 施肥：菊花喜肥，但也应适时适量。苗期以氮肥为主，可用经发酵的豆饼水、人尿等稀释后应用。每隔 7～10 天施 1 次，前期稀释 5～10 倍。梅雨季节可适当浓些。

菊花孕蕾期，不能施氮肥，可用 0.1%磷酸二氢钾液作叶面喷施。每周 1 次，共 3 次，宜在早晚进行，将叶的两面喷洒均匀，中午及雨前不要喷施，因中午水分蒸发快易受肥害。雨前喷施易被雨水冲掉。

花蕾形成后可施氮磷结合的肥料。施肥前使盆土稍干，施肥后用喷壶喷少量清水，以冲去叶片上沾到的肥液，避免叶片发黄、脱落。

d. 摘心：摘除主茎或侧枝顶端的嫩芽称摘心，摘心后可促发侧枝，开出较多花朵，并可控制植株高度和推迟花期。大菊一般摘心 3 次，第一次在移栽后，植株长到 20cm 左右高时进行。留下基部 3～4 片叶，其余全部摘去，再过 25 天左右，叶腋处的芽发育成侧枝，进行第二次摘心，除留下侧枝基部两叶外，其余全部摘除。等侧芽长出枝条后，在立秋前后进行第三次摘心，方法同第二次。以后看需要留枝，即俗称定头。独本菊仅留 1 枝，多本菊留 3～7 枝。

e. 抹芽与疏蕾：菊花定头后又会抽发新枝、新芽。为使营养集中于孕蕾开花，要及时将这些新枝、芽抹去，以减少养分消耗，仅留下所需要的强健而分布恰当的分枝。

菊花的花蕾很多，枝顶端的称为主蕾，其下面的为副蕾，如任其所有的花蕾开花，则花小而影响观赏价值。当主蕾有豌豆大小，花梗略有伸长，主蕾和副蕾易于辨认时进行疏蕾，把副蕾剥去，但

151

最好留1～2个预备蕾，否则主蕾损坏了就无法补救。

f. 立支柱：有些菊花品种的茎秆细长柔软，直立性较差，所以生长后期必需设立支柱，并绑缚整形以免倒伏。一些矮化的品种可不必绑扎。

g. 菊株的矮化处理：室内盆栽菊花株形最好要小巧，不宜过高过大，以供案头供养。除用水、肥控制及摘心等手段来控制菊株的高度外，还可用矮壮素和B$_9$来使菊株矮化。。矮壮素用1000～3000mg/kg溶液浇灌土壤，在上盆后10～15天灌1次，10cm盆径，每次100mL即可，以盆土需要浇水时浇灌效果为好。B$_9$溶液比矮壮素效果好，用1000mg/kg水溶液喷洒叶片两面，喷后24小时内不能浇水，以利菊株吸收药液。家庭养花数量少，也可用浓度较高的药液用毛笔蘸后涂茎和生长点，也可达到矮化的效果。现蕾后停止使用。也可用简单的方法，即称取0.5g多效唑药粉，均匀地拌入盆土内，然后移入扦插成活的菊苗，以后的养护管理与常规方法一样，也可用0.2%多效唑药液喷雾植株，或灌入根部，经此处理的菊花植株矮壮，花大、色艳。

多效唑为植物生长调节剂，可使植株矮壮、叶色浓绿、根系发达，控制枝条伸长等作用。喷或灌多效唑时应注意三点：

第一，喷灌时间，应在植株长到所需高度时进行，不能一发芽就喷灌。

第二，对长势较强的品种或植株，用药浓度可高些。

第三，多效唑一般不易产生药害，如果因用药过多而使新梢抑制过度时，可用增施氮肥或赤霉素来解救。

2）地菊的栽培。

地菊一般用于花坛及庭院布置，也可在花蕾将开放时带土团挖起上盆，供观赏用。宜选植株较矮、枝条粗壮、花朵大、色彩鲜艳、开花持久的品种。

菊苗扦插成活后，移植于露地。因菊怕涝，所以江南多雨地区地下水位高处，应筑高畦培养，以利排水，株行距30cm。多本菊于5月间定植，独本菊于6月间定植。定植后浇透水，成活后摘心。当枝条长出5~6叶时摘心，留3~4叶。待腋芽发出侧枝伸长到5~6叶时，各留2叶摘心，如此反复摘心直至8月上旬进行平头，将各枝条于同一高度上摘心，并疏去发育不良或多余的枝条，最后每株保留高度及粗细大致相等的几支枝条。花蕾发生时，各枝选定2~3蕾，视其长势逐渐去蕾。当中心主蕾大时，留1~2个副蕾，以分散养分；而当中心主蕾小时，早日剥去副蕾，促使主蕾快长，这样调整后使各枝花蕾大小相等，令其花期相近，利于观赏。枝条软弱，需要立支柱绑缚。

3）案头菊的栽培。

案头菊是将大花品种的秋菊植于10cm口径的小盆内。每盆一株，每株一花或两花，植株矮小，一般株高20cm。花朵硕大，能表现出品种特征。适宜摆设于案、几、书桌、窗台等处，可使室内显得分外雅致，既具有装饰性又带有趣味性。案头菊体积小，占有空间小，且生育周期短，从扦插育苗至成花可供观赏约100天，而赏花期可达一个多月，栽培技术也不难，适宜于家庭养花。

案头菊的栽培，主要抓住品种选择、适时育苗、肥水管理、矮化处理4个环节。

a. 品种选择：宜选用大花品系，株形紧凑矮壮，茎粗节密，叶片肥大，生育期短，花期较早，花梗较短，花型丰满的品种。最好对矮壮素和B_9溶液敏感的品种，即用矮化剂处理后效果好的品种。品种选择得好，易于成功。适宜选用的品种有金狮头、绿牡丹、绿云、帅旗、矮脚黄、百金莲、太白积雪、旭桃、绿衣红裳、金冕、墨荷、黑麒麟等。

b. 适时扦插育苗：扦插时间以 7 月下旬到 8 月上旬为好。扦插过早，株高难以控制；扦插过晚，则不能积累充足的养分而不能开出硕大的花朵。选优良母株上部发出的顶枝作插穗，插穗要求芽头丰满、粗壮，叶腋没有萌发侧芽迹象，无病虫害，长度 6 ~ 8cm，切面为绿色肉质实心，而不是白色絮状空心的。插穗插于装有素沙土的花盆内，浇足水，注意遮阴和通风。因 7—8 月正值暑天高温，更要注意水分的平衡，每天向叶面喷水 3 ~ 4 次，约两周生根成苗，即可上盆。用肥力中等的沙质培养土（腐叶土 2 份，素沙 1 份），植于 10 ~ 12cm 内径的泥盆中，初上盆宜浅。

c. 肥水管理：定植时所用土肥力中等，有利于控制菊株前期生长，以后为控制高度，视生长情况施肥。待现蕾后，菊株生长高度已基本稳定时，可加大肥水用量，肥料可用豆饼、骨粉的腐熟发酵液，经稀释后施用，以"稀肥勤施"为原则，看苗的长势而决定施用次数及多少，这样有利于控制节间拔长。如发现叶色黄绿，植株瘦弱，可适当用些化肥，如用 0.1% ~ 0.2%尿素和 0.1% ~ 0.2%磷酸二氢钾溶液作根外追肥。

案头菊浇水不宜过多，保持润而不湿为原则，每次浇水可在上午 10 点左右进行，注意要用经储存温度与盆土温度相近的水。天气干燥时午后可适当向叶面喷水，以保持枝叶清新。

d. 矮化处理：案头菊除用控制水肥的方法使其矮化外，也可以用矮化剂处理。以用 B_9 效果较好。B_9 可配成 1.5% ~ 2%水溶液。第一次在插枝 7 天后喷在顶心；第二次在上盆 7 天后，全株喷湿。以后每 10 天全株喷 1 次，直到现蕾为止，共 4 ~ 5 次。激素的喷布时间应在傍晚，可供植株慢慢吸收，忌在午间喷施，以免因水分蒸腾，药物浓度升高而引起药害。

4）盆景菊的栽培。

菊花盆景是运用树桩盆景的造型艺术和技法，将菊花经特殊的养护管理培育而成的盆景。经培育后，有的老干虬枝而古朴苍劲；有的提根露爪，古奇清雅，庄重大方；有的小巧玲珑，古雅清秀；有的倚山傍石，野趣横生；有的悬崖倒挂，有的高耸挺拔，有的盘根错节……千姿百态，各具诗情画意。要培养好菊花盆景，需注意下列几点：

a. 品种选择：一般常以小菊系品种为材料，也有用大菊品种的。以选枝干粗壮坚韧，节间密集，叶小花疏，花色淡雅的为佳，如白星球、金满天星、一点红、小金铃、一捧雪、小二乔等。

b. 育苗管理：盆景菊多采用扦插与嫁接方法繁殖，6月底至7月初可进行扦插。插活后，养护管理需控制肥水，以抑制生长，并配合摘心修剪，按人的主观设计使其长成优美的造型。嫁接法可在2—3月间挖取野外的青蒿植于盆内作砧木，青蒿须经人工牵引，绑扎或将盆横卧、倒置等方法，使其主干呈弯曲状态，或用提根法使其长成露根式。以后再用劈接法把选定的小菊作接穗，接活后，注意养护管理，包括摘心、抹芽、去叶、盘扎等措施，即可成盆景菊。

由于菊花的生命力强，发根容易，开花期也不需要充足的水分和过多的养分。因枝条柔软，便于蟠扎，所以是制作盆景的好材料，可以随心所欲地制作出各种形式的优美的盆景菊来。若配以适当的山石作陪衬，或与其他植物如梅、兰、竹或天竺、红枫、松树等相配合，则可制作成观景的菊花盆景。当然，盆景菊应以菊花为主体，其他为陪衬，所以配景植物不宜过多，还有要选好与之相称的盆。如悬崖倒挂者，用深盆；丛林或山间小景，宜用浅盆。

5. 大丽花

◉ **繁殖及栽培**

（1）繁殖

大丽花以分割块根和嫩芽扦插为主。

1）分割块根：在3月底到4月初进行。将块根取出，埋在轻松土壤中，浇透水1次，进行催芽。7~15天根茎处出现小芽后，带1~2个芽用小刀切离原墩，栽在花盆中。

2）嫩芽扦插：将块根提早催芽，温度保持于18℃~20℃。当

幼苗长到5~6cm时，可带少量块根，用刀片切下，插于苗床中。或幼苗长到8~10cm时，留下一对叶片，上部枝条可作插穗，用于扦插。经20天以后，留下一对叶片的叶腋中又萌发出新芽，可供继续繁殖。扦插时阳光充足对生根有利，但夏季烈日下应适当遮阴，且要勤浇水，注意保证插穗水分供求平衡。

（2）栽培

1）浇水：适当控制水分，可以控制植株高度。每次浇水只给正常浇水的八成，使其经常处于供水不足状态。七八月间雨水较多，盆土不干不浇水。6月和9月天气炎热，雨水少，大丽花蒸发量大，中午往往出现暂时萎蔫，在此情况下，盆里不宜补充水分，以向地面和叶面喷水的方法来减少蒸发，可根据天气情况，每天上午10时以后，喷水1~3次。雨季注意排除盆内积水。

2）施肥：从苗期开始，每10~15天施

薄肥 1 次。从现蕾始，每 7~10 天追施 1 次肥料。随花蕾长大，追肥时间缩短为 4~5 天 1 次，用饼肥水。追肥不宜过稀也不宜过浓。

3）其他：大丽花株形大，基部质脆中空，花枝长，开花期易倒伏，因此应适当修剪、整枝、摘心，并立柱支撑。

◉ 病虫害防治

大丽花常见的病虫害有红蜘蛛、蚜虫和白粉病。

6. 睡莲

◉ 繁殖及栽培

（1）繁殖

有分株法或播种法，多采用分株法。

1）分株法：春季断霜后进行。将地下茎掘出，选健壮的带有新芽的一段切成 6~10cm 长的段块。如果是地栽，则于早晨把池水排干，施入腐熟的碎骨渣、鱼骨、鸡毛等含有磷钾肥多的肥料作基肥，将地下茎段平放入泥中，但不能过深，一般保持地下茎上的新芽与土面平，稍晒太阳，然后灌水 20~30cm 深，水深宜浅不宜深，待气温升高，新芽开始萌动，加水至 30~40cm，水位超过 40cm，睡莲细弱的叶柄就抽不出来。天气渐热，水位逐步加深，夏季水深要达 50~80cm。冬季若结冰应保持水深 1m 以上，可保温以免池底冰冻。池栽也可用另一种栽法，即先将睡莲育于盆中，待茎伸长，再将它移入大缸，再伸长则可移入池中。

盆栽睡莲，可用瓦盆或水缸，以高深为宜。若盆深 60cm，则可在底层先放 25cm 厚的河泥，再施入含磷钾肥多的肥料做基肥，然后把切好的地下茎顶芽朝上，平埋于土表下，覆土深度以芽眼与土面平为宜。加水至5cm，置于阳光暴晒，待生叶1~2片时，再加水至25cm深，以后见水脏则需换水。应放在通风良好，阳光充足处养护。

2）播种法：在种子成熟时，容易散出被水冲走，可在开花之后，用布袋把花包上，以便果实破裂后种子落入袋中，种子一经干燥后立即失去发芽能力，故采收的种子，宜置于水中储藏。于3—4月播种，种子播在底部无孔的盆内，将土压实，加水高出盆土3~5cm，保持25℃~30℃，约经半个月可发芽，以后随幼苗成长而增加水的深度。

（2）栽培

睡莲栽培管理中，很重要的是要把睡莲置于阳光充足、通风良好的环境中养护。盆栽中加水深度开始不宜太深，随气温上升，叶片伸展逐渐灌水至15cm，注意保持盆水清洁，开花后及时清除残花枯叶，这能防止消耗养分，并能保持植株美观。生育期间如长势不旺，叶小而薄，可追施少量尿素或饼肥于盆周围土中。

如果庭院中有水池，也可直接种于池内或栽于缸中再放入池内。若长期保持池水面微弱流动性，则最有利于睡莲生长。生长期水位不得超过40cm，经常剪除残叶残花，并在孕蕾开花期追肥1次，可将豆饼粉和河泥混合在一起，做成块，均匀投入水中。

◉ 病虫害防治

睡莲容易发生蚜虫为害，可用400倍中性洗衣粉液，或60倍烟草叶水浸出液杀除。

7. 荷花

◉ 繁殖及栽培

（1）荷花繁殖可用播种法和分株法

1）播种法：主要用于培育新品种，一般于8—9月采收成熟的莲子储存，早春播种。播前先将种子前端外表皮用砂纸或锉刀磨破，当栽培莲子的土温上升到25℃～30℃时播下，加水3～4cm深度，幼叶出水后，移入大水缸或水池中栽培。

2）分株法：荷花繁殖以分株法为主。

盆栽荷花所用的盆宜用桶式瓦盆或小水缸，特点是口大身矮，叫作荷花缸。栽前须将瓦盆（缸）洗刷干净，晒干再用。栽时先将盆底部放泥土或田园土3～5cm，再放入磷钾丰富的饼肥，如碎骨头、鸡毛、头发、鱼头、人粪、鸡鸭粪、青草等做基肥（每盆150～250g），在上面再放泥土或田园土4～5cm。然后安排种藕。种藕必须用顶芽梢头完好无损，藕身健壮与完整的一节，每盆放1～3个，不宜放太多，沿盆边将两条藕首尾顺序连接，顶芽指向盆中央，尾部向上倾斜30°，再覆河泥5～10cm，使泥面在缸口下15cm，然后置于阳光下暴晒，待河泥干透，再加水使土吸足为止，再晒至八成干。此后经常加水使不干涸，水深掌握3～5cm。5月下旬，小叶开始出水面，可再加水深至12cm左右。

池栽一般要求土壤含丰富的有机质，水深以35cm为宜，不超过2m，水保持不流动或水的流动及涨落都较缓慢，无水淹之患。栽前，先于早春将池水抽干，然后施入大量有机肥料并翻耕一遍，再按照藕的长短挖出10～15cm的栽植穴，行距1.5～2.5m，株距0.8～1.4m，将种藕头朝下埋入穴内，覆土

159

10~15cm，不能过深或过浅。一般初种时，水深10~20cm。

（2）栽培

1）水：种藕栽下后，应按不同生育阶段的需水习性和要求，合理调节水层深度，一般前期宜浅，中期宜稍浅。池栽，初种水深10~20cm，夏季高温花蕾旺盛成长期，水深可达50~80cm，秋季为促使藕节伸长膨大，可逐渐将水深降到15cm以下，可满足生长需水和呼吸供氧两个方面的要求。雨季过后，池水猛涨，因荷花怕淹，所以要及时排水，否则有淹死的可能。

2）施肥：荷花盆栽可于栽后1个月施肥1次，立叶抽出后再追肥1~2次，主要是追施腐熟的饼肥水，氮肥不宜过量。池栽一般是立叶抽出水面1~2片时，施用厩肥1次，不宜过浓。当新藕鞭的地下茎开始分枝时，再施追肥1次。池栽荷花通常2~3年翻种1次，以防止地下茎过分密集而影响开花。

3）其他：荷花生育期及长藕期要保证充足阳光。保护好叶子，以便能制造更多的养料。平时，荷花应置于阳光充足又通风的地方，有利于生长并且防止病虫害。盆栽荷花的浮叶处理十分重要，一般浮叶过多，应将部分老浮叶塞入泥中。当大立叶伸出水面时，小浮叶及部分小立叶应塞入泥中，使盆内叶片不至于过分拥挤，而且高矮适当，分布均匀，有利通风透光。

荷花开花期间，还要防止大风吹袭，必要时可设立支架。注意清除水面烂叶及污物。

◉ **病虫害防治**

荷花主要病虫害及防治方法如下：

（1）腐烂病

5月下旬开始发生，叶上起黑褐色斑点而叶卷曲不展，以后病斑扩大引起腐烂，继之叶柄、茎、藕节相继腐烂。发现病叶应立即摘下烧毁，或喷稀释800倍托布津液。

（2）蚜虫

一般在5月上旬开始为害浮叶和小立叶，往往集中为害叶芽、花蕾及叶背等处。常用稀释2000～2500倍50%乐果乳剂液喷杀，每隔1周重复1次。

（3）大蓑蛾、刺蛾

主要为害立叶。用稀释800～1000倍敌百虫液喷杀。

（4）水蛆

吮吸荷花的茎、叶、根的汁液，致使荷叶发黄。一般可施用石灰驱杀。

球根花卉

1. 菖兰

◎ **繁殖及栽培**

（1）繁殖

一般是用分球法繁殖。种球不足时，也可用切球法。

1）分球法：10月下旬至11月上旬，菖兰叶片枯萎，在离地面5cm处剪去茎叶，挖出新球，剔除母球，再将子球按大小分级分开，阴干，放入布袋中，悬挂于

通风、干燥且温度变化不大的房间里。如潮湿可连袋再晒，有霉烂的及时拣出，弃之。栽植从4月下旬开始，最迟栽种期为7月下旬，覆土深度5~10cm。深栽不利于新球、子球生长，但不易倒伏；浅栽新球大、子球多，但易倒伏，抗旱能力差。

2）切球法：将一个球茎纵切成2~3块，每块必须带一健壮的芽，切口涂上草木灰，防腐烂。其他方法同分球法。

（2）栽培

1）浇水：菖兰是需水较多的花卉，适时浇水，保持土壤湿润是争取多开花的重要措施。南方春季多雨，三叶期前宜控制浇水，见干再浇，以促进根系生长。抽葶现蕾开花时期，需水最多，每天或隔天浇水1次。如遇炎热高温，应及时喷雾增湿，降低温度。雨后注意排水，10月始停止浇水。

2）施肥：菖兰施肥不宜过多，盆土太肥易徒长。整个生长期，花前一般需追施3次稀薄液肥：第一次在第二个叶片展开后施用，第二次在孕蕾期（第四叶片抽出后），第三次在花穗抽出后。花谢之后应再追施1~2次稀薄液肥，以促进新球发育。菖兰缺肥表现为叶薄，叶鞘焦黄而起白点，应及时补肥。

3）其他：菖兰不耐阴，是喜光长日照植物。切花品种受光照影响甚大，日照充足则长势苗壮，抗逆力强，花艳丽而持久。但炎热夏季，也要避免强烈阳光直射。

适时剪取切花，能延长观赏时间，宜在清晨剪取穗基部最底下含苞待放的花枝。家庭瓶插宜用与气温相近温度的清水，加入浓度为1/1000的食盐和食糖，可延长观赏时间，也可在水中加少量阿司匹林（500g水加1片）。

◉ 病虫害防治

常见病害为球腐病、枯梢病；常见虫害为线虫的为害。

2. 仙客来

◉ 繁殖及栽培

（1）繁殖

仙客来的球茎没有分生能力，所以用种子播种繁殖。选优良品种作留种母株，种子于3—4月后逐步成熟，随熟随采，种子需晾干，立秋后进行盆播。播前盆土最好暴晒消毒，种子先用水浸泡1天，按1.5～2cm的距离进行点播。盖土约1cm，播后用细孔莲蓬头喷壶浇水，浇后盆面盖玻璃，以保持温度，并每天揭开以换气，并注意补充水分，使土壤保持湿润。经40～50天出苗，当生出两片子叶，子球茎直径约0.5cm时，就可移栽于小盆，按成长情况，渐次更换入大盆。盆土要用含腐殖质多的沙质壤土。移栽时不要埋得太深，以使小球顶部与上面相平为宜。

（2）浇水

栽培时浇水是关键，刚移植和翻盆时要浇透水，以后保持土壤湿润，抽出新叶后，浇水量可增加。对夏季休眠球茎，则减少浇水量。浇水时不要使水沾到花上，以免腐烂，影响开花，也要避免雨水冲淋。

（3）施肥

仙客来性喜肥，但必需"稀肥勤施"。液肥必须腐熟发酵，每隔7～10天施1次。夏季休眠期不施肥。花前宜多施磷钾肥，促使花多、色艳。开花期最好不施或少施氮肥，以免徒长，影响开花，引起

163

落蕾。

（4）温度与光照

仙客来怕高温，30℃以上生长就会停止。所以夏季宜把盆放于阴凉通风处，或搭荫棚遮阴。在室外过夏，要防雨淋以免球茎腐烂。10月下旬移到室内，温度保持在10℃～20℃，宜放向阳处，11月左右（即播种后15个月）就会陆续开花。如欲加速开花，可在现蕾期喷100mg/kg的赤霉素于花梗部分，也可促进生长。如发叶过多，可适当剪去部分叶片，以使营养集中于开花。管理得好花可持续开到次年4—5月。

仙客来为多年生宿根植物，在盆中最初2～3年花繁叶茂。一般第一年开花只10～15朵，生长好的可达20～30朵。第二年开花可多达50～60朵，3年生植株多时可不断开出100朵。4～5年后开始衰老，花朵变小。需要重新播种，进行更新。

◉ 病虫害防治

（1）软腐病

由病原菌引起，多在7—8月高温季节发生，受害叶片或叶柄出现水渍状软化病斑，初时为白色透明、烫伤状，进而变成暗褐色。严重时可导致球茎变软、腐烂。这主要由于通风不良，或是淋了雨水引起。一经发现，须及时改善通风条件，并控制浇水，将病叶摘除烧毁，以减少病菌蔓延，同时喷1～2次等量波尔多液。

（2）叶斑病

由病原菌引起，在叶片上出现黑色斑点并逐渐扩大，后变淡褐色并干枯，一经发现，应立即摘除病叶，喷洒或涂涂等量波尔多液。加强通风，降低湿度。

（3）根线虫病

由线虫侵入根部，形成许多瘤状物，引起病原菌感染，并发生腐败而破裂，导致植株枯萎。防治方法：在播种及移栽前，对盆土进行消毒、杀菌、杀虫。可用日光暴晒或用铁锅炒、蒸气蒸 1~2 小时。如在盆栽后发现线虫，可用花卉杀虫杀菌剂或用 80% 敌敌畏稀释 1000 倍浇灌土壤。

3. 郁金香

◉ 繁殖及栽培

（1）繁殖

以分离小鳞茎法为主。母球为一年生，花后在鳞茎基部发育成 1~3 个次年能开花的新鳞茎和 2~6 个小球，母球干枯。掘起鳞茎，去泥阴干，分离出大鳞茎上的子球放在 5℃~10℃ 的通风处储存。9 月可栽种子球，栽培地应施入充足的腐叶土和适量的磷钾肥作基肥。植球后覆土 5~7cm 即可。栽植时土壤湿度以不干不湿为宜，覆土后不必浇水。小鳞茎栽植深度约 10cm，不宜过浅，2~3 年后开花。早春茎叶及花蕾出现时，结合灌溉施 2 次液体速效追肥。花后剪去花茎，不使结实，可促进新鳞茎肥大。

播种繁殖可在育种及大量繁殖时用。秋季露地播种，深度 1~1.5cm，次春可发芽，4~5 年才能开花。

（2）栽培

1）土壤：要求排水良好的沙质土壤，pH6.5~7，以腐熟牛粪及腐叶土等作基肥，并施少量磷钾肥。

165

2）浇水：生长期间一般可不浇水，保持湿润即可，天旱时适当浇些水。

3）施肥：出苗后，花蕾形成期及开花后，进行追肥。

4）其他：以养球为目的时，花蕾见色就要摘除，以减少养分消耗，保证鳞茎及小球生长。以生产切花为目的的，则可在花蕾完全变色时剪取。

◉ 病虫害防治

郁金香花朵上出现花纹，是病毒感染造成的。发现后应及时挖除烧毁，否则将传染给其他植株。

4. 小苍兰

◉ 繁殖及栽培

（1）繁殖

一般用分球繁殖。小苍兰母球基部能生出 5～6 个子球，秋季分离这些子球可用于繁殖，大球次春即可开花，小球需一年后才能开花。播种繁殖也可，采初夏成熟种子，干藏于阴凉通风处，于 9—10 月盆播，覆土 2cm 左右。

（2）栽培管理

华东地区秋凉后，分子栽于盆中，每盆数个，用排水良好、肥沃的培养土，掺以 20%砻糠灰，子球覆土 2～3cm。发芽后，勤施追肥，每 2 周 1 次，并保持土壤湿润，置于通风向阳处，室温保持 5℃～10℃，即可生长。小苍兰不耐寒，冬季宜于室内加温越冬，如要促其早日开花，则需加温至15℃左右，2月中旬便可开花，否则温度较低，则花期延迟至4月。花后减少浇水，6—7月茎叶全部枯黄后，挖出球茎，晾干去泥，储藏在通风干燥处，秋凉后再栽种。

5. 百子莲

◉ 繁殖及栽培

（1）繁殖

常用分株繁殖，时间以秋季花后为宜，春季分株当年多不开花。播种虽可繁殖，但种子需经低温处理，方能发芽，小苗生长慢，播后需经5~6年才开花，故不采用。

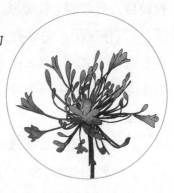

167

（2）栽培

百子莲较喜肥，所以分株以后的幼株需加强肥水管理，否则1~2年内不开花。夏季炎热时，应置通风阴凉处，并充分浇水，合理追肥，肥料中配以过磷酸钾和草木灰，则可使开花繁茂。冬季是半休眠状态，则应控制浇水施肥。

6. 大岩桐

◉ 繁殖及栽培

（1）繁殖

以种子繁殖为主，也可用叶扦插和分球繁殖。

1）播种法：大岩桐多自花不孕，采种需进行人工授粉。一年四季均可播种，长江以南梅雨地区以七八月进行为宜。大岩桐种子细小，用撒播法播于浅盆中，不宜过密，覆薄土，播后盖玻璃，盆底浸水法浸水后，置于半阴处。保持盆土湿润，每天移开玻璃使透气。20℃左右温度下，7~10天陆续出芽，除去玻璃，注意通风并逐渐接触阳光，1个月后，移植1次，两个月后可上直径10cm（3寸）盆。须特别注意肥、水，切不可溅污叶片，以免引起腐烂。

2）叶插法：秋季剪取成熟的叶，要求连叶柄一起取下，叶柄基部修平，插在沙盆里，深约叶长的1/3，插好放于温室中，盆面盖以玻璃。经常揭开通气，经1个月叶下部会长出块茎，然后长根，生根较易，但后期生长缓慢，一般不用此法。

3）分球法：先取有多个芽头的大块茎，用刀将它分割成4~5块，每块上需带1~2芽头，在切口上蘸草木灰，阴干1~2个月，防止腐烂，然后栽于盆中。

（2）栽培

1）土壤：要求肥沃疏松的培养土，一般含有腐叶土、园土、厩肥。

2）浇水：浇水要均匀，保持盆土湿润，不能过湿过干。除每日浇水外，尚需经常向空气喷雾、地面喷水，以保持较高的空气湿度，有利植株生长。开花后慢慢减少供水量，以致完全不供水，让它干燥，促其休眠。进入休眠后，仅维持盆土少量湿气即可。

3）施肥：大岩桐喜肥。幼苗期施肥要淡，一般每隔7天施10%~15%腐熟饼肥水。生长期每周施40%左右腐熟肥水。必须注意水、肥，切不可溅到叶片、花蕾上。一般施肥后立即用水冲洗，叶面及芽处不可有水溅留，如果有水，应用吸水纸或干棉花将水吸去，防止腐烂。

4）其他：冬季温度保持在10℃以上，并需充足阳光。春末夏初阳光强烈，中午要适当遮阴，注意通风，才能生长良好。秋季幼苗期也需适当遮阴。花期忌雨淋。

◎ **病虫害防治**

生长季节有尺蠖、红蜘蛛为害，及时施药防治。

7. 百合类

◎ **繁殖及栽培**

（1）繁殖

多用分球繁殖，也可分珠芽、鳞片扦插和播种繁殖。

1）分球：用百合老鳞茎（母球）上生出的小鳞茎（新球）进行繁殖。一般每年 10 月将球挖起，弃去母球，将新球与湿沙混合储藏，待 4 月中旬栽培，栽时宜深，至少要 10cm，否则易倒伏，约经 20 天即可发芽，大球当年开花，小球经 2～3 年开花。

2）鳞片扦插：9 月下旬，选取成熟健壮的老鳞茎，阴干数日后剥下鳞片，于生长季节内插于疏松、肥沃、排水良好的土壤中，或粗沙、蛭石、颗粒泥炭中。顶端稍露出土面，秋季扦插，20℃条件下，月余即可自白鳞片伤口处产生带根的子球，培养 3～4 年，可作种球。春季扦插也可。为节约鳞茎，扩大生产时常用此法。

3）珠芽繁殖：叶腋生有珠芽的种类，如麝香百合、卷丹等品种，可于花谢后、珠芽脱落前，取珠芽栽于土中，1 年后可形成小鳞茎，2～3 年后可开花。不生珠芽的，可切取单节或双节茎，带叶片扦插，能诱使叶腋长出珠芽，3～4 年可长成开花种球。

4）播种繁殖：百合为蒴果，种子扁平而有膜翅，每果种子较多可达数百粒。成熟后采收，储藏到来年春季播种，20℃时 10～15 天即发芽，自播种到开花所需时间因品种而异，一般需 3～4 年，王百合较快，一年多即可开花。

（2）栽培

百合栽培要求土层深厚、疏松且排水良好的微酸性土壤。一般9—11月栽种，种植宜较深，18～25cm。也可于早春三月栽植。盆栽最好用粗沙和肥沃园土等混合，消毒后用。因百合为无皮鳞茎的球根花卉，易发生病害，要加强管理。生长期及时松土，施2～3次稀释液肥，花期前施1～2次磷钾肥，注意夏季遮阴和加强通风。开花多而茎秆纤弱的品种可设立支架，以防花枝折断。秋季枝叶枯黄后，可掘起鳞茎，稍加晾干，藏于沙中，待来年再种。

8. 风信子

◉ **繁殖及栽培**

（1）繁殖

常用分球繁殖。当鳞茎生长到第三年时，在老球茎下面会发生子球，子球分离出后可单独栽培，经2～3年即可开花。子球自然形成较难，可用人工处理，促其发生子球。夏季把鳞茎挖出后，将其平摊于室内阴干，然后选大型种球，用小刀在基部切成十字形，深达其中部，浅埋于土中，至次年夏季末，球根切口处周围即能生长出很多小子球，经1年后将其挖出土壤，干燥，分开种在苗床内，3～4年即可开花。

播种繁殖也可，但易变异，为培养新品种可用此法。

（2）栽培

以排水良好的沙壤土或腐殖土较好。风信子喜肥，9月盆栽或地栽都要施足基肥，生长期每隔10天左右施1次稀薄液肥。盆栽时，球茎埋于土中，茎芽稍露出一点，栽后浇透水 1 次。注意接受充足阳光的照射。

风信子也能像水仙一样用水培。选大鳞茎置于注水的容器内，于暗处培养 8～12 天，即能生根，水要经常更换。待根长到 16cm 左右时，可移至阳光处。叶开始抽出时，再置于半阴处，待叶长到一定高度后，再给予充足的日照及较高的温度，可使在春季前后进入开花盛期。注意水培时，在发根前要控制发芽抽叶，否则因蒸腾量超过吸水量而影响生长，使花茎短而不利开花。与养护水仙一样，要使其根系固定，勿使倒伏或折断根系。花开过叶枯黄后，剪去茎叶，将球茎放于通风干燥处储藏，还可再种。

家庭盆栽的风信子开花时，花茎往往缩在几片叶子中间，而影响观赏效果，为使花茎伸长，可将马粪纸（最好用包装糕点的礼品盒纸）裁成长方形，长度稍长于花盆的内径，宽度高于植株的高度 3～4cm，卷成圆筒形，用糨糊或玻璃胶纸黏住，一端再用一圆形纸封严，在此圆形纸中心部分开一个 1～1.5cm 的小孔，可以使光线透入，将此纸筒套于风信子植株上，因花茎有向光性生长的习性，光由顶部小孔透入，花茎就会往上生长，一般套 4 天左右，即可见效，在此期间盆土不能缺水，要保持湿润，以保证花茎细胞伸长时对水分的要求。待花茎长高后，即可移去纸筒。风信子在室内摆放时，要定期转换方向，否则也会因花茎向光生长而弯曲。

9. 朱顶红

◉ 繁殖及栽培

（1）繁殖

可用播种法和分离小鳞茎法。

1）播种法：6—7 月种子成熟时，即可采收盆播。将种子按

1.5cm一粒的距离均匀撒入盆土上，然后用筛子筛土覆盖，覆土0.2cm左右即可（播前培养土应用细喷壶喷透水）。播种后用玻璃盖住盆口，湿度保持在90%左右，每天打开玻璃几分钟，使之透气，防止长霉。这样，10天左右可发芽。幼苗长出2片真叶时分盆。

2）分离小鳞茎法：这是较多采用的一种方法。3—4月，当子球生出2片叶时，自母球切离，另行栽植，种时鳞茎不要全部埋入土中，应露出1/3。这样2年后可开花。

近年来，用人工分球的方法，可大量繁殖子球，一般一个母球可得近100个子球。具体方法：首先将母球纵切成几个等分，再用锐利的小刀从各等分中部切开，使每部分有鳞片2~3层，下端需各附有能发根的鳞茎盘。其次准备好泥炭、沙及少量草木灰或砻糠灰的混合物，要求呈微碱性（pH7.5左右）。将分离好的鳞茎插入基质，适度浇水，6周后，鳞片间便发出1~2个小球，并在小球下部生根。

（2）栽培

1）土壤：要求肥沃，且排水良好，通常用含丰富腐殖质的肥沃沙质土壤。盆栽可在春季或秋季进行，大球用直径20~22cm的盆，小球用15~18cm的盆，栽植后将盆置于半阴处，避免阳光直射。

2）浇水：初栽时不宜浇水，并要保持较低的温度。随植株生长增加浇水量，开花时需水最多，花期应有充足的水分，开花后减少水量，夏季植株生长一般衰弱，应控制水量。秋凉后减少水分，避免徒长。入冬后，地上部分枯死，剪除枯叶，保持干燥和10℃~13℃气温，使鳞茎休眠。鳞茎休眠期内，浇水量减少至维持鳞茎不枯萎为宜。

3）施肥：在生长开花期间，每隔半个月追施薄液肥 1 次，花期 20 天 1 次，平时可不施，夏季停施。

4）其他：花葶从鳞茎抽出后，应使其得到充足阳光。开过花的球茎不要扔掉，将残花梗基部留 5～6cm 长，其余剪去，让叶子继续生长，浇水保持盆土湿润，适量施肥，当叶子枯萎时，将球茎储于冷凉、干燥、通风处 3 个月。休眠期后将球茎栽于盆中，管理直至开花。

◉ 病虫害防治

夏季易受红蜘蛛为害，可喷施稀释 1200 倍的三氯杀螨醇溶液防治。另外，栽培中，若茎叶及鳞茎上有赤红色斑纹，应剪除烧毁，绝对不能对植株喷水，以防病斑蔓延。在鳞茎休眠期出现此病，可用 40℃～44℃温水浸泡 1 小时，或在春季喷洒波尔多液，有防治之效。

10. 晚香玉（夜来香）

◉ 繁殖及栽培

（1）繁殖

通常采用分球法繁殖，每年 11 月中、下旬，将地下球茎挖起，将软瘪的老球茎与地下茎除去，把分出的小球，按大小分级晾干后，放在室内干燥处收存。待来年春季 4 月进行分栽。注意两点：一是采挖不宜过早，这样会影响球茎内花芽的形成；二是收藏时不能受潮，以免内部花芽霉烂。

（2）栽培

1）栽植：晚香玉常地栽。栽前将球茎置于水中浸泡半天，栽植于向阳、排水良好的黏质土壤。栽种块茎的深度应掌握"深长球浅抽葶"的原则，一般深度5cm左右。若当年开花，小球直径宜小于2.5cm。栽下时如天气不十分干旱，可不浇水。

盆栽宜用口径20cm以上的大瓦盆，每盆3个球茎。第一次浇足水，放于向阳通风处，每天保持正常湿度。

2）浇水：出叶初期浇水不宜过多。花葶抽生前，以营养生长为主，适当控水蹲苗有利于根系发育。随气温升高和植株长大，酌情增加浇水量。花葶抽出时，宜给以充足的水肥，保持较高的土壤湿度。

3）施肥：从抽花葶开始直到采收块茎为止，一般每隔半个月施1次稀薄液肥，施肥后第二天要浇水，并及时松土。栽植后2~3个月可开花。花谢之后需继续增加水肥管理，促使新块茎生长。

11. 鸢尾

◉ **繁殖及栽培**

（1）繁殖

常用分株繁殖，一般每隔2~4年进行1次，春季花后或秋季都可进行。将粗壮的根茎分割，每块带2~3芽，并将老根除去，以利发新根。若需大量繁殖可割根茎，插于湿沙中，保持20℃，约两周后即可萌发不定芽以及长出不定根。如生长良好，秋冬季节花芽分化好的，第二年即可开花。

播种繁殖，应在 9 月上旬种子成熟后，采收浸种一昼夜，冷藏 10 天，再播于盆中，10 月上、中旬即可发芽。如不加冷藏处理，采后立即播种，则要到第二年春季才能发芽。播种法繁殖的苗，要经 2~3 年后才能开花。

（2）栽培

宜选疏松肥沃、排水良好、含石灰质的碱性土壤栽培，栽前施入腐熟的有机肥，以及草木灰等作基肥，生长期可适当施以液肥。

12. 美人蕉

◉ 繁殖及栽培

（1）繁殖

主要用分株法。播种法仅用于新品种培育。分株法既简便，成活率又高。在 4 月左右芽眼开始萌动时，用锋利的刀将经过室内储藏或由地下挖掘起的块茎，按每块 2~3 个芽分割成数块，晾干伤口，然后种植。

播种法于春季将种子外坚硬的种皮磨破，用温水浸种一昼夜，温室内播种，保持 25℃左右，1~2 周可出芽，苗高 4~5cm 移植。

（2）栽培

1）浇水：美人蕉喜湿，所以生长期应给予充分的水分，使土壤保持湿润。孕蕾开花期需水量大，此时受旱会使新枝伸长缓慢，叶形变小，花序发育不良。但也要注意不要长久积水，这样会引起植株生长不良，虚弱，故雨季要及时排水。块基在花坛内或留于花盆越冬时，不宜浇水，土湿易烂根。

2）施肥：开花前追肥1~2次，开花期间适当多施几次肥即可。

3）其他：美人蕉喜阳光，阳光充足则株体茂盛，开花率高，花多花好。弱光下蘖枝徒长，常不能开花或过早萎缩。同时，此花忌强风，所以应选择避风向阳的环境，以利延长花期。美人蕉叶大株高，萌枝力又较强，栽植密度不宜过大，使每株都能保持一定营养透光面积，花后将花枝连同部分叶片剪除，有利增加株间光照强度。

◉ 病虫害防治

此花于5—8月间，有卷叶虫为害，卷曲嫩叶，食害出鞘花序。严重时使苗势衰弱。可于初发现时喷施稀释200倍的苏云金杆菌或稀释800倍50%敌敌畏以治之。

✿ 观叶植物

1. 吊兰

◉ 繁殖及栽培

（1）繁殖

常用分枝繁殖，早春分离老株根丛另行栽植，或随时剪取匍匐枝上着生的有根小植株，极易成活。

（2）栽培

吊兰生命力强，栽培管理容易。一般均作室内盆栽观叶花卉。土壤以肥沃的土壤较好，但它对各种土壤适应能力强，经常保持土壤湿润，每2周施以氮肥为主的液肥，并经常喷水于叶面，以洗去尘土，保持叶面清新鲜绿，并随时剪去黄叶。平时应注意通风和适当光照，但不宜强光长时间直射，否则叶片变灰绿影响观赏，冬季应置于室内有阳光处越冬，温度不宜低于4℃。不要施肥，盆土也不要过湿，否则会引起叶片变黄，若在5月上、中旬将吊兰老叶剪去一些，会促使萌发更多的新叶和小吊兰。每年3月可翻盆1次，剪去老根、腐根以及多余须根。

吊兰也可水养，将盆栽吊兰从盆中倒出，用清水洗净盆土，去除老叶、老根，插在盛满清水的容器中，容器可用广口玻璃瓶、玻璃杯，也可将塑料的饮料瓶截去上半部留下半部，或用去盖的易拉罐。7天内每天换水1次，以后可隔两天1次。吊兰插入瓶中会不断长出新根，生长在水中的根没有土根那样发达，但形成的根较多，如是透明的玻璃瓶，则还可观赏其根系，很有情趣。水养吊兰不需要直射阳光，放置于散射光处便能生长良好。

177

2. 万年青

◉ 繁殖及栽培

（1）繁殖

1）分株繁殖：万年青的地下茎萌蘖力强，每年都能长出许多萌蘖苗，使株丛不断扩大，于春秋将母株切割成带根的数丛，另行栽植即可。

2）播种繁殖：早春3—4月间盆播，在25℃～30℃条件下，约1个月可发芽。

（2）栽培

盆栽用微酸性沙质土壤，保持土壤湿润，生长期每 15～20 天施稀薄液肥 1 次，并适当增加磷肥。置于湿润且通风良好的地方，否则易生蚧壳虫。室内陈设应适当见光，以利光合作用。宜常喷水洗叶面灰尘，保持枝叶清新翠绿。

3. 含羞草

◉ 繁殖及栽培

（1）繁殖

用种子繁殖，春秋都可播种，播前可用 35℃温水浸种 24 小时，浅盆穴播，播后覆土 1～2cm，以浸盆法给水，保持湿润，在 15℃～20℃条件下，经 7～10 天出苗，苗高 5cm 时上盆。采种时选健壮母株，加强管理，于结果期随熟随采，荚果成熟时会自动开裂。

（2）栽培

养护管理无特殊要求。一般土壤均可栽培，生长期需肥不多，施稀液肥 2～3 次即可，肥料不宜过多，以叶绿生长健壮即可，勿使之徒长，因为含羞草主要为趣味性观叶花卉，以小型为好。

4. 文竹

◉ 繁殖及栽培

（1）繁殖

有播种和分株两种，文竹生长到 3～4 年后，秋天可开花结果，果实由绿转褐色（约 12 月份），待充分成熟后，采下晾干储藏。到次年 2—3 月份，于浅盆中穴播，覆土为种子大小的两倍，加盖玻璃或塑料薄膜。温度保持 20℃～25℃，土壤要湿润疏松。40 天左右才能出苗。采收种子时先要培养好母株，在文竹开花时，不要移动花盆的方向，否则易引起落花，果实要充分成熟才采收，否则种子发芽率低。分株繁殖：4～5 年的大株丛生分枝较多，也可在春秋两季进行分株繁殖，但株形不一定美观。

（2）栽培

1）土壤：应选用疏松肥沃、排水良好的土壤。可用腐叶土 5 份、园土 2 份、砻糠灰 1 份、沙土 1 份、腐熟有机肥 1 份拌和，每 2～3 年换盆土 1 次。

2）肥料：一般于春秋两季每隔 10 天施 1 次稀释 5 倍的腐熟豆汁水或人粪尿、鸡粪等。夏冬季不施或少施肥。

3）浇水：春、夏、秋三季盆土可偏湿一点，但也要保持透气。如盆土过干，会使叶状枝从上而下变枯黄。文竹喜欢空气湿度较高但又通风的环境，可经常喷水，以保持湿度。

4）光照：文竹是喜阴植物，在散射光下生长良好，故宜于室内培养，春季可适当晒太阳，夏季切忌太阳直射。

5）温度：文竹不耐寒及霜冻，室温在 5℃以上能安全越冬。

6）修剪整形：1～2 年生文竹姿态优美，状如松树，但随着植株生长，后来的枝条会长成攀缘型，这时可适当搭架支撑绑缚，可使其长得茂盛，并保持株形整齐美观。但如欲保持低矮的形态，则需加以修剪，随时把老叶、黄叶修去，发现徒长的新枝，要及时摘去芽尖生长点，以免过长而成攀缘型。

文竹在生长期中须将过密枝、弱枝、枯枝及时剪去，以保持株形美观，并有利通风透光，利于生长。对老茎、攀缘茎在不同高度上进行修剪，促使从切口下端茎的分叉处萌发出新枝叶来，可使株形具有不同层次的造型效果。

5. 凤尾竹

◉ 繁殖及栽培

（1）繁殖

一般用分株分根或嫩枝扦插繁殖，多在秋季挖取部分植株分栽。分根在春天生长前进行。嫩枝扦插，可选粗壮嫩枝于节下剪取一段插入疏松湿润土内，上面罩以塑料袋，置于阴处，约50天可生根长叶。

（2）栽培

凤尾竹栽培养护较容易。

1）土壤肥料：对土壤要求不严格，一般疏松的壤土、沙质土均可生长，肥料以氮肥为主，每月施1~2次稀薄液肥即可，平时保持土壤湿润。

2）光照：喜阳但也耐阴，故宜室内盆栽，冬天置向阳处，夏秋可放窗口通风处。

3）修剪：凤尾竹生长旺盛时，小笋不断生出，分枝多。为保持生长平衡，株形美观，应及时剪去老枝与不必要的嫩枝和叶子。

6. 橡皮树

◉ 繁殖及栽培

（1）繁殖

可扦插繁殖。嫩枝和老枝都可用作插穗，插穗剪下后立即用草木灰或胶泥封住伤口，防止树汁流出，影响成活。插穗一般选用一年生枝条，每段需带 3~4 节，保留顶端 2 片叶，在 5—6 月间扦插，温度 18℃~25℃，2~3 周即可生根。扦插用土以河沙及砻糠灰为好。夏季要遮阴，保持空气湿润。

（2）栽培

橡皮树对土壤适应性强，树一般肥沃、疏松、排水良好的土壤即可。在生长旺季要多浇水施肥，12~20 天施 1 次液肥。冬季盆土可稍偏干。虽喜光但夏季高温 35℃以上时不要在烈日下暴晒，要置室内或阳台通风处。室内盆栽植株不宜过高，当植株长到 60~80cm 时，可把顶芽剪除，破坏顶端优势，使其萌发侧枝。以后每年对侧枝进行修剪以保持树冠圆满。家中的橡皮树长得很大而居室面积小时，可以进行适当修剪，不要吝惜，按你认为恰当的株形进行修剪，以后等新的枝条长出后，也要不断修剪以保持株形美观。冬天宜在室内越冬。

7. 龟背竹

◉ 繁殖及栽培

（1）繁殖

以扦插繁殖为主，4—5 月间从茎先端剪取插条，每段留 2~3

节，带叶插于沙床，或直接插于盆中，浇水并保持一定湿度，放于阴处，成活率较高。

用根繁殖：在"立秋"以后，用3~4年生的龟背竹作繁殖材料，轻轻扒开表层盆土，选有粗壮气根的竹节状根茎，从根头数起，在第3节处（一定要带有1~2个不定根），用锋利的刀切至根茎的一半处，然后用泥土覆盖。3周左右，见芽从土面萌出时，再将表土扒开，用利刀在原切割处再切下去，把根茎切断，取出即可上盆，盆应置于阴湿通风处，成活率高。

另外将龟背竹母株从盆内取出，抖去大部分泥土，选粗壮的带不定根的根茎，在两节半处切开，如果根茎长且气根多，则可切多段，将此切段插于沙土内，斜插或横放都可以。注意保持盆土湿润，不可过湿，否则易腐烂，过干则迟迟不出苗。盆应放在阴湿通风处。

（2）栽培

1）土肥水：室内盆栽土壤要疏松肥沃，每隔10天左右施以稀薄液肥，以氮肥为主。浇水宜偏干以免烂根，但空气湿度宜较高。

2）温度光照：因其原产热带雨林，喜高温、高湿，最适生长温度为30℃，5℃时停止生长，进入休眠期。冬季注意保温，于室内过冬。

夏秋季节，需常给叶面喷水，并向四周喷水以增加空气中的湿度。

3）修剪：龟背竹分枝多，应适当修剪，以保持优美的姿态。

8. 苏铁

◉ 繁殖及栽培

（1）繁殖

1）播种：华东、华北等地区栽培的苏铁不易开花，故很难收到种子。一般不用种子繁殖。苏铁是雌雄异株，所以只有在华南野生的苏铁林中可以收到种子。用种子播种，4个月后才能萌芽出土。

2）吸芽繁殖：华东等地常把根基分蘖或茎部蘖芽分栽。当苏铁长到一定年龄，高约1m时，长势旺盛的可于基部长出分蘖，又称吸芽。在立夏左右，用利刀将此分蘖切下，放置阴凉处，待伤口干后即栽于沙质壤土中，浇水后适当遮阴保湿，2～3个月可长新根。注意在母株切割处，要涂防腐剂（如硫黄粉），以防切口腐烂。家庭盆栽，常可购买吸芽，吸芽无根无叶，尖端有毛茸。买来后，种前需先浸入清水中，2～3天后取出，栽于土中，使土与吸芽密切接触。浇水后保持温度、湿度并遮阴养护。一般母株上的吸芽生长较快，故常用3年生的吸芽进行分割栽种。有时栽后长时间不生叶，如要检验其是否还是存活，可看吸芽茸尖是否发黑。未发黑的表明未死，应加强管理，促其早萌叶，如果发现顶端有黄色苔茸出现，此即为幼叶。

3）切干繁殖：将苏铁树干，切成10～15cm厚的茎段浅埋于湿润的沙中，经常保持沙中含水量60%左右。在半阴处养护，约半年后可从茎段的四周沙面下萌发许多新芽，老茎逐渐萎缩，把新芽移栽，可成新株。

（2）栽培

苏铁盆栽土壤无特殊要求，一般用富含腐殖质的沙质壤土较好，排水要好，保持土壤湿润，冬季盆土偏干，在生长期5—9月，每隔3周施腐熟的有机肥1次，浓度要稀释3倍。如能掺入0.5%硫酸亚铁（即矾肥水或黑矾水），可防止叶子泛黄。也可用生锈的铁钉、铁皮放于土壤中，任其铁质渐渐渗入土中，供植物吸收，使苏铁叶子翠绿。

苏铁喜光，虽耐半阴但宜常置于日光下生长。特别是在叶子生长期不宜放于光线不足之处，否则叶子会又长又瘦，影响观赏价值。但夏天也不宜烈日暴晒。冬季防冻保暖，0℃以上能安全越冬。苏铁生长缓慢，每年只长出一轮新叶，老枝叶也不易枯萎，所以要适当修去老叶，保持美观造型。

9. 五针松

⊙ 繁殖及栽培

（1）繁殖

嫁接法繁殖，用黑松作砧木，用腹接、枝接、芽接法均可。

（2）栽培

1）土壤：用疏松、肥沃、排水良好的微酸性土壤，以山泥最好或自己配置培养土。

2）水肥：盆栽五针松水肥要严格控制，以防徒长，五针松喜干、怕湿。春秋季是五针松生长季节，保持盆土湿润，夏季蒸发量大，应注意维持水分供求平衡，并经常向叶面喷水。但切不可使土壤过湿，所谓"干松湿柏"，即松树盆土宜偏干，太湿易烂根。施肥要薄肥少施，冬天重施1次。

3）光照：盆栽五针松或盆景五针松

不能久放于室内，应定期轮流置于阳光充足、空气流通的场所，晚上最好能置室外承受露水。

4）修剪整形：宜在春季萌发前进行，以免流脂。盘扎前 1 ~ 2 天停止浇水，使茎枝柔软，以防折断。

5）翻盆：每隔 2 ~ 3 年翻盆 1 次。

10. 红枫

◉ 繁殖及栽培

（1）繁殖

红枫播种繁殖易发生变异，且生长缓慢。故目前多采用嫁接法。一般在春秋两季进行。这里介绍一种梅雨季节单芽贴皮腹接法。技术要点如下：

1）培育壮砧：用青枫（也称小果槭）作砧木，它与红枫亲和力强，且青枫种源较多，发芽率高，长势旺。青枫可冬播和春播育苗。苗期加强肥水管理，经一年多茎干直径在 8mm 以上时，即可作红枫砧木。

2）注意芽穗的发育程度，适时进行嫁接：于 6 月中、下旬选当年生向阳健壮枝条上的充实饱满的芽作接穗。芽穗过小，还未萌动，细胞活性差，嫁接后新芽生长发育缓慢，稍一疏忽，即影响成活率。芽过大，细胞活性强，嫁接后需要营养多，一时供应失调，也影响新芽生长。

3）单芽贴皮腹接

切砧木：在砧木中部背阳面，节间以下 5mm 左右处大约 15° 角斜向下切，切面长 1.2cm 左右，下部稍带些木质部，上部不带木质部，然后以 45° 角在第一刀下 1cm 处再斜切一刀，与第一刀相连，去掉削皮，留下一个缺口。

削接芽：在作接穗的红枫枝条上选作接芽处的叶片先剪去，留 1cm 长的叶柄。然后在芽的上方约 6mm 处，约 20° 角用经消毒的利刀斜切一刀，削面同砧木的削面等长。再由芽的下方约 5mm 处，以 45° 角再斜切一刀，与第一刀相交，稍带木质部，即成一个完整的接芽。

插接芽：迅速将削好的接芽插入砧木缺口内。注意使接芽与砧木的切口相吻合。

扎缚：用宽 1cm、长 20cm 的塑料带从下往上缠绕，把芽和叶柄留在外面，不要缚着。

4）加强嫁接后的养护：红枫皮层较薄，接芽又小，离体后，虽有塑料带绑扎，但芽和叶柄仍露出，所以当空气干燥、相对湿度低时，芽易失水而枯死。因此在接后尚未愈合的 10 天内要注意喷雾保湿。

5）适时剪砧促进接芽生长：砧木上枝叶的去除需分 3 次进行，前后间隔 1 个月左右。不要一次性剪砧，以免苗木枯亡，第一次在嫁接后 10 天左右，新芽一般萌发到 4～5cm 长时，可剪去青枫枝叶的 2/3。过半个月进行第二次剪砧，剪去剩下的青枫枝叶的 1/2。1 周后在接口的上方进行最后一次剪砧。

嫁接后的苗木有接痕。家庭盆栽红枫一般常从市场或商店购买，选购时要注意是否有嫁接痕迹，如果无接痕，往往是实生苗，不易保持其种性而多变异。

（2）栽培管理

家庭土栽或盆栽宜用山泥和园土，与沙子适量拌和，使排水良好，施足基肥，刚栽时注意养护，保持土壤湿润，盆栽的每隔2年于初春萌芽前进行翻盆换土。春天萌芽生长期每月施1~2次稀薄液肥，夏季控肥，夏末秋初视长势而决定是否施肥，秋季保持土壤偏干为好，以免引起秋梢徒长。冬季更要控水，以防烂根。

红枫叶片增红的办法是生长期少施氮肥，多施磷钾肥，并适当多晒日光，但忌烈日暴晒。这样能促使其光合作用加强，大量积累碳水化合物，有利于红色花青素的合成。所以在室内陈设时，要定期移到室外阳台等处养护，不可长期置于室内。

如果把红枫制成树桩盆景，则可做成独干、双干、悬崖、卧干等式，小的枫树苗还可制成丛林式，枝叶要求层次分明。当新梢长到10~13cm时，就应摘心，把枝条的顶芽摘除。一些无用的、过多的芽，也应及早摘除。如嫌叶片过大不雅，可以在8月份将老叶全部摘去，适当施1次氮肥，于半阴处养护。适当控制水分，不干不浇。约半个月后，又能萌发出小叶。此法可用于两头红（即春秋叶为红色，而夏季为绿色）的品种，可使夏季的绿叶也变成红叶，因为新萌出的小叶为红色。此时叶形小且色红，加强整枝造型可得到姿态优美的红枫盆景。

11. 芭蕉

◉ 繁殖及栽培

（1）繁殖

用分株法繁殖。当秋末蕉叶凋萎，剪去枯叶，壅土护根。残留茎秆用稻草从茎秆基部向上包扎。到次年4月上旬再将稻草解除，当根上长出许多幼株时，可行分株繁殖。移栽时于坑中施入有机肥为底肥。

（2）栽培

生长期间应随时剪去黄叶，以免徒耗养分，并影响美观。同一地点，栽植过久，易产生发育不良现象，应更换栽植地点。平时不用特别仔细管理。

12. 罗汉松

⊙ 繁殖及栽培

播种及扦插繁殖都可以，夏季嫩枝扦插很易生根，成活率高，但苗木生长缓慢。雨季进行移植最好，并要带好土坨。罗汉松下部枝叶繁茂，不易枯落，可适当修剪。夏季高温干燥时，易发生红蜘蛛及蚧壳虫为害，可用石油乳剂喷杀，或用小刷刷除。夏季不宜暴晒，置于半阴处，在不结冰条件下可安全越冬。

🌸 观果花卉

1. 小叶石榴

⊙ 繁殖及栽培

（1）繁殖

常用播种繁殖，也可用扦插繁殖。3月间可播种，洗净外种皮浸泡一昼夜后播于土中即可。嫩枝扦插可在6—7月黄梅季节进行。老枝扦插可在春季结合修剪进行，取健壮枝条，按常规方法扦插。

（2）栽培

1）土壤肥料：小叶石榴宜于盆栽观赏，选好肥沃且中性偏碱的沙质壤土作栽培用土。小叶石榴因花期长，开花多，所以需肥也多，除施足有机肥作基肥外，每隔1~2年需换盆1次。在生长旺盛期每月施2~3次腐熟的有机液肥，稀释度为3份肥7份水。也可用市上购得的颗粒肥料或化肥，如过磷酸钙及硫酸铵、氯化钾等。一般以千分之一或更稀为好。冬天不需施液肥。

2）浇水：以保持土壤充分湿润，但又不能缺水为好，夏天土面蒸发快，叶面蒸腾作用也强，宜早晚浇水各1次，水分不足，盆土过干，会使叶子发黄，萎蔫甚至脱落，而且还会影响落花。冬天可适当少浇水，只要保持盆土湿润即可。否则肥水太多会使已结出的果实开裂并脱落，影响观赏的效果。

3）光照：石榴是阳生树种，特别喜光，所以家庭养花最好能摆在阳台或庭院中全天能见阳光的地方，如果条件稍差，至少也要有半天的日照条件，而且通风也要好，光照不足，则不利于形成花芽，只长叶而不开花、结果。

4）修剪：盆栽小叶石榴，要注意植株造型优美，所以要及时修剪。但因石榴花是着生在当年生的枝条上，所以最好在春季未发芽之前就把过密枝、根部萌蘖枝、弱枝、枯枝剪去，并将一些长枝短截，促使萌发新枝，促使顶梢上孕育花芽，开花结果。请参见本书观花石榴的修剪部分。

◉ **病虫害防治**

石榴常见虫害有蚜虫、吹绵蚧壳虫、尺蠖（即"搭桥虫"）。

189

2. 南天竹

◎ 繁殖及栽培

（1）繁殖

采用分株法、扦插法或播种法。分株在初春进行，1年后就可开花。扦插最好在梅雨期，插后易生根。播种法可在种子成熟后随采随播，3个月后出苗，经2～3年培育便能开花结实。

（2）栽培

1）土壤：对土壤要求不高，能耐弱碱，但必须排水良好。

2）浇水：忌积水，每次浇水不宜过多，开花时期应少浇水，或仅向盆土表面喷水，以提高空气湿度，冬天保持土壤稍湿润即可。

3）施肥：第一年幼苗时应勤施薄肥，每月2～3次，成年植株每年施肥3～4次，肥料以磷钾肥为主。

3. 火棘

◎ 繁殖及栽培

（1）繁殖

用播种或扦插繁殖。播种可在采后秋播或沙藏到第二年春播种。扦插采用嫩枝插或硬枝插均可，随剪随插效果最佳。

（2）栽培

1）土壤：火棘生命力旺盛，管理粗

放，若是地栽，一般土壤都可生长。盆栽使用深厚肥沃的土壤。

2）浇水：忌旱，浇水要勤。

3）施肥：肥料种类不论，只要数量充足。

4）其他：地栽用作绿篱时，顶部要常修剪，促进下部多生枝，使篱整齐、丰满，结果后绿叶夹红果，非常美丽。

◉ **病虫害防治**

要防止春旱时的蚜虫，夏秋间的毛虫。

4. 葡萄

◉ **繁殖及栽培**

（1）繁殖

多用扦插繁殖。在葡萄落叶时，选取一年生、节间短，具备3个侧芽的健壮枝条，长15~20cm，成束埋在沙内越冬，第二年3—4月扦插，直接插于苗床或3~4枝一束插于盆里，萌发后选健壮枝条留下。扦插后第一次要浇足水，以后只要保持湿润即可。此外，也可进行高位压条法或环剥压条法进行繁殖，4—5月间进行，9—10月剪下移栽，有时为了改良品种，也可用嫁接法。

（2）栽培

1）土壤：宜植于沙质土壤，对酸碱度要求不严，中性最好，弱酸或弱碱性土壤中也能生长。

2）浇水：忌积水，水分过多，则果的品质差，病害多。一般生长期可适当多浇水，结果时要少浇水，冬季保持湿润。

3）施肥：合理施肥是葡萄生长的关键。一般冬季换盆时，施氮磷基肥，开花前追施磷肥1~2次，结果后追施磷钾肥1~2次。

4）搭架：葡萄是藤本植物，不论地栽或盆栽都要搭架。盆栽时，可用3支竹竿，在中间捆一下，使其成牢固的三角形，风吹不倒，以后再根据需要加横档，把主蔓和结果枝都引到横档上，让果穗有依托，地栽以搭棚架为主。

5）修剪：葡萄的修剪除为观赏外，还是硕果累累的保证。入冬至萌芽前结果枝要截短，留2~3芽，来春就可萌发出结果枝来。有时为扩大树冠，使来年多生结果枝，要将部分果枝摘去果穗，使它生长成较好的预备结果枝。

盆栽葡萄的修剪，要求控制树体，上盆的第一年，只需培养1根主茎，用竹竿相扶。如要培养成矮干的树形，可待其长到70cm高时，摘去顶芽，以使其茎长粗壮，同时侧芽会迅速生长。为了使光合作用的养分集中供给冬芽及花芽的分化，当夏芽长成的侧枝在长出两片叶时就应摘去其顶心，在此夏枝上再萌发出的各级次枝，也应及时如上法摘去其顶心。再配合适当的肥水管理，第二年就可以少量结果。

第二年则要控制其结果量，甚至最好不让其结果，以培养健壮的树势。具体做法是，早春，可选留5条左右健壮的结果枝，每一结果枝只留一个果穗，在花期前4天左右，于果枝的第7叶片处摘心。更应严格控制副梢的生长，除果枝顶端副梢留2片叶摘心外，其余副梢只留1叶摘心。冬季，可选留4或5条不同方向生长健壮、芽体饱满的当年结果枝组。于基部留3个芽短截，以培养固定的结果枝组，其余枝条一律剪除。

6）其他：葡萄根系发达（地栽时根长达 3m），盆栽时为避免结根，一是要用大盆，二是要 1 年或 2 年 1 次翻盆、疏根，冬季注意防冻害。

⊙ **病虫害防治**

葡萄病害以黑豆病为多，可用喷波尔多液的方法预防，发现病害，要及时剪除病蔓、病果，多次喷波尔多液即可治疗。虫害主要是天牛，每年发生一代，小幼虫在蔓内越冬，被害枝在落叶后可发现表皮呈灰色。因此，可结合冬季修剪，追踪杀死幼虫。

5. 金橘

⊙ **繁殖及栽培**

（1）繁殖

多用靠接法或切接法，也有用芽接法，砧木可用橙子等。

1）靠接法：在 3—4 月进行，接后 1 个月可与母株切断，切断前要少浇水，只需保持湿润即可，切断后要多浇肥水。

2）切接法：在 3—4 月进行，接穗选用一年生枝条，剪成 7cm 长，上带 2～3 个芽，接后 1 个月成活。

3）芽接法：可在 6—9 月进行。

（2）栽培

1）土壤：选排水良好的沙质土壤。

2）浇水：忌积水。冬季金橘处于半休眠状态，需水量少，蒸发也很弱，要少浇水，浇水多会引起结冰，导致烂根和寒害。夏季高温季节一定要有充足的水分供应，否则易引起落叶落果，春秋两季保

持见干见湿即可。

3）施肥：生长阶段以施氮肥为主，促进发芽和枝叶生长，开花结果阶段以施磷肥为主（可在氮肥中加过磷酸钙），促其枝条生长，有利于花芽分化，一般每隔 8~10 天施肥 1 次。

4）温度：最适生长温度为 23℃~29℃，高于 37℃或低于 10℃对生长都不利，会引起落叶和进入休眠状态，因此，高温季节要多喷水，或适当遮阴降温，冬季最好搬入室内，或地窖越冬。

5）修剪：从春季萌芽到挂果前需进行 3 次修剪，第一次是早春采收果实后春芽萌发前，对所有老枝重剪，隔年生的病弱枝全部剪去，健壮枝条留下部 3~4 个芽，其余的全剪去，每盆留 3~4 枝。第二次是 4—5 月间，当新枝长到 15~20cm 时，及时摘心，促其萌发二次枝，6 月上旬进行第三次修剪，对二次枝进行摘心，使其发生三次枝，扩大树冠，增加着果部位。另外，开花后还应适当疏花，结出幼果后每根枝条一般留 1 个果实。为利观赏，小果和病果要随见随摘，未结果的枝及遮挡果实的枝叶可剪去，使果实颗颗露在外面，保持株形美观。

6）其他：金橘的实生后代多变异，变优者少，结果晚，因此在购买苗木时，要选有嫁接痕迹的植株。

6. 佛手

◉ 繁殖及栽培

（1）繁殖

以扦插为主，在 4—6 月进行，生长 5 年后结果，也可采用高位压条法繁殖，8 月选结果枝压条，10 月剪断，盆栽，果实仍可继续生长。也可选枸橼或酸橙作砧木。在春秋两季进行嫁接，3 年后结果。

（2）栽培

1）土壤：用疏松、肥沃、排水良好的酸性土栽培效果最佳。

2）浇水：旱季要喷雾增湿，雨季要及时排水排涝，开花后浇水切勿过干过湿，否则易落花、落果。

3）施肥：果期要施足磷钾肥。

4）修剪：佛手一年多次开花，均能结果，3—4月结的果不耐储藏，残果较多，因此，这段时间结的果应全部摘除，5月后结的果才开始进行果期管理。一般来说，果实如玉米粒大小时进行第一次疏果，选6~8枚留下，其余摘除，果枝上的侧芽及顶芽要抹掉，只留叶片；当长到葡萄大小时，再疏果1次，选择较大的幼果4~5枚留下（一般1条结果枝上只留1枚），同时要增施磷钾肥。

有人认为果越多越好，其实不然，佛手果实很大，每结一枚就耗去大量营养，留果过多，生长过程中会渐渐掉落，徒耗营养，剩下的长势也不好。

5）其他：佛手有明显的隔年结果现象，在结果的第二年，对枝条要进行大修剪，每年新生枝条，仅留基部的两个侧芽即可。佛手根不发达，2~3年可换盆1次。平时，注意通风透光洗叶。

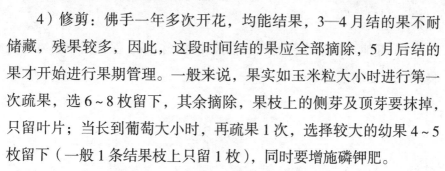

7. 枸杞

●● 繁殖及栽培

（1）繁殖

采用播种、扦插、分株均可。种子不休眠，春季就可播种，播种前先用温水浸泡1~2天，使种皮变软，这样可加快出苗速度（7天左右即可出苗）。扦插选择一年生强壮枝条，春秋两季都可进行。

195

保持土壤湿润，成活率可达90%以上，分株可在春季进行。

（2）栽培

1）土壤：在通风良好的沙质土壤上生长最佳。

2）浇水：不干不浇，浇则浇透。

3）施肥：开花时多施磷钾肥，促其叶繁果盛。

4）其他：秋季修剪，除去枯枝和过密枝条，保证树冠通风透光良好，树姿端正。

8. 苹果

196

◉ **繁殖及栽培**

（1）繁殖

常采用扦插、播种、嫁接等方法繁殖。

（2）栽培

1）土壤：用肥沃、富含有机质、排水良好而又能保持适量水分的土壤。

2）浇水：生长期需水量大，应浇足水。如遇高温天气，每天浇1次透水，谨防失水。

3）施肥：苹果因其果实丰硕，营养消耗大，需要施足基肥。同时，根据盆栽特点，生长期要进行叶面施肥和根部追肥，以磷钾肥为主。

4）其他：盆栽苹果生长量较小，修剪量不大，有些甚至不修剪。修剪可在生长期或休眠期进行。生长期算是春季果树萌动后，生长的新梢长到20cm左右即摘心，以控制增高，同时疏除新生密枝。休眠期修剪在果树落叶后进行，主要目的是稳定树形，防止逐年增高。修剪首先是将长枝短截，疏除过密的、交叉的枝，摘掉过多的花芽，提高坐果率。

🌸 多肉类花卉

1. 令箭荷花

◉ 繁殖及栽培

（1）繁殖

1）扦插繁殖：6—7月扦插成活率最高。在令箭荷花母株上取老熟的叶状枝基部剪取整个枝片作插枝，也可将两年生枝片裁成长6~8cm的小段，于阴凉处放2~3天，待伤口干燥后插入素沙土中保湿，不久即可生根，次年就可开花。

2）分株繁殖：多年老株丛生后，也可分株繁殖。

（2）栽培

令箭荷花喜肥，盆土要求疏松、肥沃、排水良好，生长旺季每隔10天左右施稀释5倍的腐熟有机肥1次，但炎夏及冬季不要施肥。浇水以见干见湿为原则。喜光照，但盛夏忌烈日暴晒。要放于庇荫处。怕涝，所以雨天要移入室内，如有积水，要及时侧盆倒水。秋天要置于室外充分接受阳光，否则不易开花。枝片长高时适当立支架绑扎。每年4—5月间开花，每朵花期2~3天。室内陈设需放在阳光充足，通风良好的房间内，冬季最低温度不低于5℃才能安全越冬。

2. 昙花

◉ **繁殖及栽培**

（1）繁殖

采用扦插繁殖。家庭扦插一般以6月扦插成活率最高。剪取两年生叶状枝或棒状枝扦插。按2～3节一段剪开，基部削平，于阴处干燥2～3天后，插入沙土内，土中含水量保持在60%左右，30天左右可生根。

（2）栽培

盆栽用含腐殖质丰富的沙质土壤，排水良好，浇水要见干见湿，生长季节每15～20天施1次氮磷结合的液肥，孕蕾期施以磷肥，可使花多而大。如果肥料充足，昙花一年可开花两次，甚至3次。昙花茎枝柔软，长到一定高度时要设立支柱，绑扎茎枝，并使造型美观。光照要适当，夏天忌烈日直晒，冬天室温不低于10℃，才能安全越冬。

昙花一般是在晚上开花，若要在白天观赏昙花的开花，可在花蕾形成后10cm左右时，每天上午7点把昙花搬入暗室，或用黑布（黑纸也可）做成遮光罩，罩住整个植株，晚上7点将昙花搬出暗室或将遮光罩揭开，使其接受自然光，天黑后用100～200W电灯于花蕾上方1m处照光。这样7～10天后，当花蕾挺起、膨胀欲开放时去掉遮光罩，昙花就能在上午7～9点开花，并可开到下午4～5点。

3. 蟹爪兰

◎ **繁殖及栽培**

（1）繁殖

1）扦插繁殖：于4—5月间从母株上选3~5节茎，于节基部连接处剪下，在阴处晾1~2天，待切口风干后，将最后一节插入疏松的沙土中，插后置于阴处，土壤保持湿润即可，温度20℃~25℃时20~30天即可生根。家庭中用小口瓶进行水插，生根也很容易，当其根长出0.5cm左右长时，即可栽于盆中，但扦插繁殖的蟹爪兰长势不旺，开花较少，造型也欠佳，不过当其茎节长而下垂时可作吊盆花卉悬挂起来。

2）嫁接繁殖：春秋两季较干燥时均可用嫁接法。若在雨季嫁接，切口易腐烂。以3—4月和8—9月为宜，选粗壮的单片仙人掌、仙人球或量天尺（俗称三角）植株作砧木，因为它们生命力强。每盆栽1株。用劈接法：于砧木顶端，用经75%乙醇棉球消毒过的利刀先平切一刀，放置2~3天，待伤口干后，再直切一切口，其深度与宽度要与接穗的削面相吻合。从蟹爪兰母株上选大小适中的茎节2~5节，剪下后于最后一节的两面各斜削一刀呈鸭嘴形，削面长度约3cm，要求刀口平整，一刀削成（多刀则削面凹凸不平，影响成活）。削好后立刻插入砧木的切口内，使其髓心对齐。再用仙人掌的刚硬长刺（先用75%乙醇棉球消毒）刺入接穗与砧木连接处，使其固定，再用两只木夹左右夹住，然后置于阴处。一般在盆土不太干时不必浇水，并防止水滴在伤口上引起腐烂。嫁接伤口愈合后约半个月成活，当年可望开花。

199

（2）栽培

蟹爪兰盆栽时盆土要选肥沃疏松、排水透气良好的微酸性土壤，平时盆土要湿润且透气，不要过干过湿，浇水时不要当头淋洒，更不要受雨淋。夏季植株常呈休眠状态，应放在凉爽通风处，保持盆土干燥，每隔 15～20 天施稀释的腐熟有机肥。特别注意在花前和花后要施肥，即立秋后要多施花前肥，但夏季及开花期要停止施肥。

蟹爪兰茎节生长到一定长度，要搭架整形，使其茎节下垂，呈自然伞状，也可用竹篾或粗铅丝扎成塔形的架子，人工帮助其柔软的茎节沿架匀称分布，并适当整枝使其造型优美，没开花时已有很好的观赏价值，当盛花期在其枝端悬垂许多美丽的花朵，犹如锦帘，故又有"锦上添花"的美名。

蟹爪兰是典型的短日照植物，所以每年秋季当日照逐渐缩短时开始孕蕾，要给它造成短日照的条件，晚上最好不要放在有灯光的室内，以保证其孕蕾所需的短日照条件。另外其孕蕾开花期要特别注意养护，如盆土不可过干过湿，要经常喷水，湿润花蕾及茎，花前多施以磷肥为主的液肥。蟹爪兰开花期正值冬春季节，室内温度最好保持 15℃左右，不能低于 10℃，否则也易落蕾，特别是以量天尺作砧木的更不耐寒，在 25℃～37℃温度下生长旺盛，20℃时生长缓慢，15℃左右即停止生长，根系吸收活动降低。所以蟹爪兰最好用仙人掌或草球作砧木，室内可用塑料袋套好，如温度不够，还可加电灯光以增温。花期停止施肥，并少浇水。另外花期不要随意搬动花盆，以防断茎而造成落蕾落花。

◉ 病虫害防治

蟹爪兰茎节变黄，甚至萎缩脱落其原因有二。一是生理性的，可能是夏天温度过高，并受强光直射，空气干燥，或土壤pH值过高（即偏碱性）而引起的。二是虫害引起的，在夏天闷热干燥、通风不良时，极易受蚧壳虫及红蜘蛛所害，受害后茎节也易发黄脱落。因此夏季要放于遮阴和通风处，并常向植株上喷水，一经发现虫害，可用氧化乐果1000～1500倍的稀释液喷洒杀虫，效果良好。家庭养花，发现蚧壳虫也可用竹签将其剔除。

4.仙人球类

◉ 繁殖及栽培

（1）繁殖

一般均用扦插或嫁接繁殖。

1）扦插繁殖：除强刺属的仙人球外，母球上都能萌生出子球，扦插时可从母球上取适当大小的子球，在阴处晾1～2天，使伤口变干，以免伤口插下后腐烂，插入沙土中，插后不用浇水，仅喷雾，置于阴处，待生根后再按正常方法浇水养护。

2）嫁接繁殖：一般于春季进行，夏季高温病菌繁殖力强，最好不要嫁接。可用较大的花盛球（俗称草球）或量天尺（俗称三角）作砧木。量天尺要选用组织充实，髓部柔软的（如髓部发白即表示太老，不宜采用）。用平接法进行嫁接，此法操作简便，对初学者来说不难掌握，所以家庭养花者可用此法嫁接优良品种仙人球。嫁接后，砧木如长出子球或分枝，应及早把其剪除，以保证养分集中于接穗，使接穗生长良好。

有些仙人球类花卉老球的萌芽力较弱，尤其一些名贵的品种，如星球、金琥、黄翁等，所以要进行播种繁殖。但仙人球类的花授粉能力较差，必需人工辅助授粉才结籽，种子长在多浆的果实内，成熟后剥去果皮，把种子洗净，晾干后放在干

201

燥的纸袋内储存，发芽力可保持两年。有的种子成熟时果皮会裂开，种子即自动散落，所以必须在散落前采收果实。第二年5—7月份播种。播前先放在温水里浸泡2天即可播种，间距2cm以上，不必覆土。用浸盆法给水，把沙浸透，盆面盖上玻璃或白纸，置于室内，温度保持25℃以上，30～45天可出苗，幼苗生长很慢，入冬后室温不得低于10℃，不然幼嫩的小球会受冻死亡。

（2）栽培

1）土壤：家庭栽培用的培养土，要求疏松、透气，排水良好，能掺点石灰质及沙土更好。因仙人球类植物呼吸作用时放出的二氧化碳大多不能从气孔排出而在体内形成酸类，如果土壤中施放石灰，可以适当中和此酸，调节体内的酸碱度。也可直接种在河沙上。

2）浇水：仙人球较耐旱，在养护中要干透浇水，多浇了反而易引起烂根，特别是新上盆的仙人球，因根部受到一定的损伤，土壤太湿易引起腐烂。需待长出新根后，再逐步浇水。夏季气温高，需水量大，宜于早晚浇水，切忌中午浇水，以免引起球体损伤。秋冬季要适当控制水分，使其进入休眠状态，安全越冬。

3）施肥：在春夏生长旺季可适当追施液肥，注意不要把液肥施于球体上，以防腐烂。施氮肥不宜太多，以免只长球，而不开花，要适当辅以磷肥才能孕蕾开花。秋后停止施肥，促其进入休眠状态，以利越冬。

4）光照：仙人球类植物喜光，所以春、秋、冬三季应置于阳光充足的窗台、阳台上，夏季则应适当遮光，并注意通风。冬季于室内越冬，温度不能低于5℃。

◉ 病虫害防治

夏季在干热环境中易受红蜘蛛危害，为害后的球体有黄褐色锈斑，失去观赏价值。初发时可喷氧化乐果防治，但斑点尚存。只有重新嫁接，或去顶以破除顶端生长优势，促其基部萌发子球，再用子球繁殖。所以对红蜘蛛防重于治，预防的方法是夏季注意降温和通风，并保持一定湿度，不要造成干热的条件。

5. 石莲花

◉ 繁殖及栽培

（1）繁殖

1）茎插繁殖：于生长季节，取其带有顶部叶丛的侧枝，摘去下部几轮叶片，然后插入沙质培养土内，1周左右即可生根。

2）叶插繁殖：于生长季节，取叶片平铺于湿润的土壤表面，保持空气湿润，很快会从叶基部萌生出小莲花状的叶丛。

（2）栽培

石莲花栽培管理简便，土壤只要排水良好，生长季节保持土壤湿润即可。每隔15～20天施液肥1次，置于向阳通风处，即可枝繁叶茂，根据各自爱好可栽成各种形式。如每盆可只保一个莲花状叶丛，发生侧枝后，立即剪掉，使其养分集中于一个叶丛而成一朵"大莲花"。也可栽于大盆，任其发出侧枝，然后使其长成大小相等的许多"莲花"。茂盛时还可悬垂于盆外。根据爱好进行适当修剪造型，每隔3年左右要翻盆、淘汰老株、重新扦插来繁殖新株。

6. 芦荟

⊙ **繁殖及栽培**

可用分株或扦插。

在春天结合翻盆，将萌发出的侧蘖分出栽种。或剪取 10～15cm 的茎段，去除基部 2 侧叶，在冷凉处放置 1 天后，使切口略干，再插于培养土内，保持土壤稍湿润，20～30 天即可发根。芦荟生长较快，最好每年翻盆，分植上盆后，缓苗期间要少浇水，使土壤通气湿润，利于发根，防止腐烂。夏季宜放置于室外半阴通风处，并需常浇水避免干燥。入秋后要控制浇水，冬季室内温度保持 5℃以上，即可安全越冬。生长期适当施肥，可以保持生长良好。

藤本花卉

1. 金银花

⊙ **繁殖及栽培**

（1）繁殖

播种、扦插、压条或用自然根蘖分株，均可繁殖。扦插极易成活，春季扦插成活当年夏季即可开花，故一般采用此法。

（2）栽培

露地栽培于庭院中几乎不需肥水管理

就能生长良好。需要搭设棚架，或种在墙边、篱笆边，以利攀缘生长，否则枝条相互缠绕，影响通风，株形也不美，开花少。另外还应及时剪去下部老枝及乱枝。

◉ **病虫害防治**

干热季节易发生蚜虫，应及时防治。

2. 凌霄花

◉ **繁殖及栽培**

（1）繁殖

扦插、压条、分株均可繁殖，以扦插为主。

1）根插：3月间，掘取其根，切成长3cm左右的根段，平铺于土上，盖上细土约厚2cm。春暖即可生根发芽，成活率很高。

2）嫩枝扦插及压条：因其藤能节节生根，故扦插或压条也很易成活。

（2）栽培

对土壤要求不严，一般土壤均可栽植。施以基肥，每年开花前追肥1次，平时保持土壤湿润，忌积水。因茎蔓生长快，要及时绑扎或牵引使其攀缘生长。

3. 紫藤花

◉ **繁殖及栽培** ....

（1）繁殖

常用播种、扦插繁殖，也可用分株与嫁接繁殖。

1）播种法：10月果实成熟后，采收种子，晒干储藏。次年早春三月播种，播前浸种1~2天，点播，气温10℃~13℃即可发芽。实生苗要多年后才可开花，故不常采用。

2）扦插法：于2—3月选取健壮一年生枝条作插穗，剪取15~20cm长，2/3长度插入土中。注意保湿，以提高成活率。也可于秋季，选当年生健壮枝条，剪长8~10cm，带踵扦插。将根剪下后全部插入土中，也能抽枝发叶。

3）嫁接法：此法应用较多，3月中旬进行。以三年生普通实生苗作砧木，剪取优良品种的两年生健壮枝条作接穗。接穗应当带两芽，切接后培土，把接穗埋在土里，以保持湿度，待新芽伸出土面后，再逐渐把培土除去。也可选直径1cm左右的枝条进行靠接。

4）分株繁殖：紫藤根部易生萌蘖，自清明至立夏期间，可选茎干粗1cm左右的两年生萌蘖条，带土带根掘出，栽于露地或花盆中，加强管理，也可成活。

（2）栽培

紫藤主根深，侧根少，不耐移植。大苗移栽，必需带土保持根系完整。移植时，树穴一定要施足有机肥作基肥，栽后要浇透水，以后注意生长期施2~3次液肥，冬季施饼肥等有机肥。定植后要设立棚架，以便枝蔓攀缘，棚架一定要牢固。因紫藤枝粗叶茂，重量较大，现园林和庭院中常用造型美观的水泥棚架。在秋末休眠后，要注意剪除弱枝、病枝及过密枝条，以促进花芽形成，利于来年开花。

盆栽紫藤除控制水、肥以外，还要注意整枝修剪和摘心工作，使其造型优美。此外，注意调节营养生长和生殖生长关系，使多开花而营养生长不过旺，培养成姿态优美、观赏价值较高的桩景。

4.爬山虎

◉ 繁殖及栽培

播种、扦插和压条均可繁殖，栽培也很容易，无需特别管理，只要保持土壤湿润，有一定肥力即可，生长迅速。

5.常春藤

◉ 繁殖及栽培

常用扦插繁殖法。盆栽生长旺盛，极易生根。生长季节剪取嫩枝扦插，约半个月即可生根。盆栽生长旺季应适当修剪，并设立各种形式的支架，以调整株形。平时采取保温、施肥等一般管理措施即可。夏季忌阳光直晒，冬季须在0℃以上越冬，并保持空气湿度，不可过于干燥，盆土不宜过于潮湿。

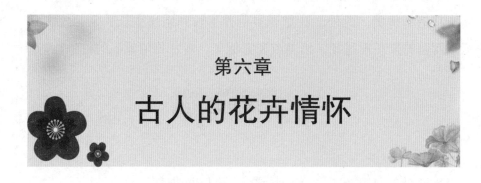

第六章

古人的花卉情怀

 "岁寒三友"之一的梅花

梅花的品种有很多，我国大约有 300 种，广东、江西、浙江、江苏、湖北等为主要产地。梅花为蔷薇科李属落叶乔木，生长成熟时可达 4 ~ 10m，多在每年 2—3 月间开花。梅花具有较强的抗寒能力，但当温度降至 −15℃时则不宜成活；梅花一般用嫁接法繁殖，也可用其他方法，如播种、扦插和压条等。梅花容易修剪整形，当作为室内观赏时，特别适宜盆景栽培。

梅花在我国有着悠久的种植历史，极富观赏价值和文化含义。

（1）自然形态

梅花在冬末初春绽放，其花形为五瓣；花白、粉、红、黄、紫等多种颜色，真可谓色彩缤纷，赏心悦目；花香浓郁，随风远播，数里之外也能闻到。待其落花之时，犹如雪花飘落，满地铺洒，前人以"香雪梅"誉之。

（2）文化特征

自古至今，各阶层的人士，大多都喜爱梅花。尤其是志向高远的文人志士，更是将梅花与松、竹共誉为"岁寒三友"，以赞美它们的"高风亮节"；并寄寓了爱国、为民、不落凡俗的高尚品格。梅花不但有"岁寒三友"的美誉，同时还与兰、竹、菊并称为"花中四君子"。由此可见，梅花在人们心目中的地位。

（3）体现奋斗精神

梅花以其不畏寒冷、傲然怒放的形象，体现了中华民族不屈不挠的奋斗精神。历史上有许多思想家、文学家都以梅花为题材，写下了不朽诗篇。如北宋著名思想家、文学家王安石在《梅花》一诗中写到："墙角数枝梅，凌寒独自开。遥知不是雪，为有暗香来。"同是北宋著名爱国诗人陆游，在其居住成都的日子里，也写下了赞美梅花的诗句："当年走马锦城西，曾为梅花醉似泥。二十里中香不断，青羊宫到浣花溪。"当代无产阶级革命家毛泽东曾写过一首充满浪漫色彩的《卜算子·咏梅》一词，词中写道："风雨送春归，飞雪迎春到。已是悬崖百丈冰，犹有花枝俏。俏也不争春，只把春来报。待到山花烂漫时，她在丛中笑。"

被誉为"花王"的牡丹花

牡丹花的种类很多，在我国就有 500 多种，以红色者为上品。我国最出名的牡丹花的产地是河南的洛阳，有"洛阳牡丹甲天下"的说法。其他的较有名的产地是四川的彭州和山东的菏泽。牡丹有较好的耐寒能力，可以抵抗 −20℃ 的低温。牡丹的繁殖方法有多种，如扦插、分株、嫁接和种子繁殖等，但常用的是分株繁殖的方法。室内栽种牡丹时，一般采用庭院栽种的方法。

牡丹因有优美的姿态，极具观赏价值，在我国的花卉养植史上有1500多年的历史。

（1）自然形态

牡丹在春末夏初开花，花形有单瓣和重瓣两种，花朵较大，有些似碗般大；花色则很多，有红色、白色、绿色、紫色和黄色等，五彩缤纷，令人眼花缭乱；如洛阳的珍贵牡丹，花大似碗，花色为鹅黄色，花瓣亮丽如着蜡，光彩照人，清香迷人。

（2）文化特征

牡丹花的花语是富贵高雅，为花中之王，古书《本草纲目》有这样的记载："牡丹乃天地之精，为群花之首。"清朝末年的时候，牡丹被定为国花。

牡丹历来都是文人骚客的作诗题词的好题材。如李白的三首《清平调》："云想衣裳花想容，春风拂槛露华浓。若非群玉山头见，会向瑶台月下逢。""一枝秾艳露凝香，云雨巫山枉断肠。借问汉宫谁得似，可怜飞燕倚新妆。""名花倾国两相欢，长得君王带笑看。解释春风无限恨，沉香亭北倚阑干。"刘禹锡的《赏牡丹》："庭前芍药妖无格，池上芙蕖净少情。唯有牡丹真国色，花开时节动京城。"北宋的欧阳修也曾赞美牡丹："洛阳地脉花最宜，牡丹尤为天下奇。"

秋天的使者——菊花

全世界的菊花品种约有数千种，多是从中国传出去的；在我国有菊花近2000种。菊花是菊科菊属多年生宿根草本植物，植株的高度相差较大，最高者可以达到2m。菊花有较强的抗寒性，多在百花凋谢的深秋开放。一年三季都可以开花，有夏菊、秋菊和冬菊。菊花可用于制作盆花、盆景、花篮和插花等。

菊花有千姿百态的花朵，极具观赏价值，在我国的花卉养植史上有近3000年的历史。在汉代时当作药用植物栽种；晋魏时已是大量栽种，当作观赏花卉；宋代是养植菊花发展的高峰期。

（1）自然形态

菊花的叶片互生，叶的边缘有缺刻；花生长于枝头，有筒状和舌状。其中，舌状的花花朵大，花色艳丽，姿态优美多变。

（2）文化特征

白色菊花的花语是"真理"，红色菊花的花语是"爱我"。菊花的不畏严寒、傲霜斗雪的性格是人们所喜爱的，古代的文人骚客多喜用菊花来象征坚强的意志，表达顽强斗争的精神。战国时期的爱国诗人屈原在他的名篇《离骚》中写道："朝饮木兰之坠露兮，夕餐秋菊之落英。"东晋的著名田园诗人陶渊明的《饮酒》是有名的咏菊诗："结庐在人境，而无车马喧。问君何能尔？心远地自偏。采菊东篱下，悠然见南山。山气日夕佳，飞鸟相与还。此中有真意，欲辨已忘言。"近现代无产阶级革命家毛泽东有《采桑子·重阳》一词："人生易老天难老，岁岁重阳。今又重阳，战地黄花分外香。一年一度秋风劲，不似春光。胜似春光，寥廓江天万里霜。"

花中美女——兰花

兰花种类很多，全世界约有上万种，中国是兰花主产国，养植有1000多种的兰花，主要品种有春兰、蕙兰、建兰、寒兰和墨兰，以春兰最为名贵。我国产兰地主要有浙江和台湾。兰花是兰科兰属多年生草本植物，花朵为六瓣，花色多为白色或是米黄色，雄蕊和雌蕊合生在一起。适宜在酸性土壤中生长；兰花的特性是"爱朝阳，避夕阳，喜南暖，畏北凉"。

兰花的叶片和花朵都极清秀，且其花香迷人，花姿秀美，具有很高的观赏价值，在我国的花卉养植史上有着悠久的历史。

（1）自然形态

兰花的叶片呈带状而且常绿，花朵很奇特，有6瓣，花萼与花瓣一起生长在子房的上面，分为3瓣。兰花上品的花瓣有"梅瓣""荷瓣"和"水仙瓣"的区分。兰花的中心有一小瓣俗称为"鼻"，其上常有紫褐色的斑点，没有斑点的兰花更为名贵，称为"素心"。

（2）文化特征

兰花的花语是美人出谷，意思是洁白忠贞。自古以来，兰花就得到人们的喜爱。有些文人还把它比作美女。如唐代李世民有赞美兰花的诗："春晖开紫苑，淑景媚兰场。映庭含浅色，凝露泫浮光。日丽参差影，风传轻重香。会须君子折，佩里作芬芳。"宋代的苏东坡有《题杨次公春兰》："春兰如美人，不采羞自献。时闻风露香，蓬艾深不见。丹青写真色，欲补离骚传。对之如灵均，冠佩不敢燕。"清代郑板桥有诗："晓风含露不曾干，谁插晶瓶一箭兰？好似杨妃新浴罢，薄罗裙系怯君看。"

🌸 品种繁多的杜鹃花

杜鹃花的品种很多，全世界有900多种，中国有500多种，是杜鹃花的主要分布地区。其中国主要分布在云南（杜鹃花品种最多的地区）、西藏、湖北和四川等地。杜鹃花的主要品种有：映山红、满山红、蓝荆子、白花杜鹃、石岩、大树杜鹃等。杜鹃的越冬温度不可低于-2℃。杜鹃的繁殖方法有多种：插种、嫁接和扦插。杜鹃的生长环境应湿润凉爽、土壤酸性。

杜鹃花的开花时间和杜鹃鸟的啼鸣时间是相同的，所以有这样的传说：杜鹃花是由杜鹃鸟啼鸣时流下的血滴落在花上而成。传说杜鹃鸟是古代西南一位蜀王死后所化，它夜夜啼哭，泪尽而滴血。

杜鹃花的种类较多，花色灿烂，极具观赏价值，在我国的花卉养植史上有着悠久的历史。

（1）自然形态

杜鹃花在春夏季开花，春杜鹃是先开花后长叶的，夏杜鹃则先长叶后开花。它的花是由几朵小花聚生而成，花色多样，有红色、紫色、白色和黄色；花形多样，如有呈喇叭状的喇叭杜鹃花。

（2）文化特征

杜鹃花因为有杜鹃鸟啼血染红杜鹃花的传说，有些诗人以此为题作诗，如著名诗人李白，写有《宣城见杜鹃花》："蜀国曾闻子规鸟，宣城还见杜鹃花。一叫一回肠一断，三春三月忆三巴。"白居易有赞颂杜鹃花的诗："闲折两枝持在手，细看不似人间有。花中此物似西施。芙蓉芍药皆嫫母。"宋代的杨万里有《杜鹃花二首》（其一）诗："何须名苑看春风，一路山花不负侬。日日锦江呈锦样，清溪倒照映山红。"

213

有"冷胭脂"之称的山茶花

山茶花因为在深冬开花，花形大，花色多为红色，所以得名"冷胭脂"。山茶花是我国的特产花，近代有200余种。我国山茶花的主要产地是云南、浙江、广西、江西、四川等，其中以云南的山茶花种类最多、最好，有"云南山茶花甲天下"的说法。山茶花有较强的抗寒性，历经冰雪、寒风和冰霜后，依然花开如常。

山茶花的树枝优美，花形大，花色艳，而且花期较长，具有很高的观赏价值。山茶花在我国的花卉养植史上有着悠久的历史，百岁树龄的山茶树较常见。

（1）自然形态

山茶花的植株有3m左右，甚至有高达20m。它在1—4月间开花，花期较长；在红梅开花之前吐蕊，在桃李花凋谢之后凋谢；花色较多，有白色、红色、粉色等。山茶花的种类很多，有茶梅、云南山茶花、南山茶、玫瑰连蕊茶等。

（2）文化特征

山茶花的花语是可爱。山茶花可爱，花艳而不妖，花期长，有耐寒的特性，是我国人民喜爱的传统花卉。古代的文人骚客也好以山茶花为题作诗写词。如南宋大诗人陆游曾写诗赞美："东园三日雨兼风，桃李飘零扫地空。唯有山茶偏耐久，绿丛又放数枝红。"明代诗人李东阳也有："古来花事推南滇，曼陀罗树尤奇妍。拔地孤根耸十丈，威仪特整东风前。玛瑙攒成亿万朵，宝花灿熳烘晴天。"苏东坡有诗曰："山茶相对阿谁栽？细雨无人我独来。说似与君君不会，烂红如火雪中开。"

出污泥而不染的荷花

荷花主要有食藕用的莲，食莲子用的莲和观赏用的莲3类。开白色花的荷花主要是产莲藕，开红色花的荷花主要是产莲子。荷花在全国各地都有栽种，南方是荷花的故乡。荷花的最适生长温度为25℃～30℃。它喜水湿、温暖、阳光充足、土壤肥沃的环境。

荷花叶片圆绿，花大美丽，有清香，极具观赏价值，在我国的花卉养植史上有着悠久的历史。

（1）自然形态

荷花的叶片较大，而且呈圆形，深绿色。花大且有清香，花色有白、红和粉红等色，一般是白天开花，夜间闭合，第二天清晨又重新开放。荷花一般是栽种在池塘中，此时，碧绿的荷叶大片地铺在池塘上，无穷无尽，妖红的荷花从绿丛中突出，叶美花美，花叶成映，别有风味。

（2）文化特征

荷花的花语是纯洁和高尚。它自古就得到了人们的喜爱，被称为"花中君子"。古代的文人喜欢以荷花作诗，来表达特立独行的志向和高尚情操或是别的情感。如杨万里在《晓出净慈寺送林子方》一诗中咏荷："毕竟西湖六月中，风光不与四时同。接天莲叶无穷碧，映日荷花别样红。"李白在《折荷有赠》一诗中用荷花来表达爱情："涉江弄秋水，爱此红蕖鲜。攀荷弄其珠，荡漾不成圆。佳人彩云里，欲赠隔远天。相思无因见，怅望凉风前。"李商隐有一首《赠荷花》："世间花叶不相伦，花入金盆叶作尘。惟有绿荷红菡萏，卷舒开合任天真。此花此叶常相映，翠减红衰愁杀人。"

215

友好吉祥的象征——桂花

桂花在我国广泛地栽种，云南、四川和广东等地有野生的桂花，广西壮族自治区和四川有栽培的桂花。桂树是木樨属常绿阔叶乔木，植株可以高达15m；花期在9—10月。桂花的耐低温能力比较强，可以在-15℃的环境中生长。广西壮族自治区把桂花当作区花，桂林和杭州把桂花定为市花。

桂花的植株全年常绿，花小且美，极具观赏价值，在我国的花卉养植史上有着悠久的历史。

（1）自然形态

桂花的花小如粟，有迷人的香味。桂花的主要品种有：叶片大且长，黄花香浓的金桂；叶片小且略圆，白花香浓的银桂；叶片厚且密集，花色红，开花少的丹桂；叶片大且肥厚，花色乳白香味淡的四季桂。

（2）文化特征

桂花的花语是吉祥如意，它是吉祥友好的象征。古代的人常将桂花当作礼物送人；有些地方的人用"折桂"来表示考中了科举；广西壮族自治区少数民族的青年人喜欢在月下漫步桂树下，有"一枝桂花一片心，桂花林下结终生"的意思。桂花的花期在秋季，代表了秋天，又有月下桂树的传说，所以，古人都喜欢以桂花为题入诗。如唐代诗人皮日休有《天竺寺八月十五日夜桂子》："玉颗珊珊下月轮，殿前拾得露华新。至今不会天中事，应是嫦娥掷与人。"宋代诗人曾几的《岩桂二首》其二："粟玉黏枝细，青云剪叶齐。团团岩下桂，表表木中犀。江树风萧瑟，园花气惨悽。浓薰不如此，何以慰幽栖。"宋代的杨万里也有一首《岩桂》："不是人间种，移从月里来。广寒香一点，吹得满山开。"

冰清玉洁的"水中仙子"——水仙花

水仙花是用球茎来繁殖，是石蒜科水仙属多年生宿根草本植物。叶片碧绿，一般长 30~80cm；水仙夏季休眠，喜欢温暖湿润的环境。我国的水仙多分布在福建、湖南、湖北、江苏和浙江等地，以福建漳州的水仙花最为著名，有"漳州水仙甲天下"的美称。福建省将水仙花列为省花。

水仙花有青翠的长叶、文雅清香的花，有很高的观赏价值，水仙花是从国外传入中国，在我国的花卉养植史上有 1200 多年的历史。

（1）自然形态

水仙花的叶片与韭菜、大蒜的叶片很像；春天发芽，茎似洋葱头；在茎头上开花，花大小如簪头，形状像酒杯，花有 5 瓣，花心是黄色的，花色雪白晶莹，有清雅的香味。

（2）文化特征

水仙花的花语是尊敬，自古就受到人们的喜欢，很多诗人都以它为题写诗。如北宋诗人黄庭坚有赞美水仙花的诗："凌波仙子生尘袜，水上轻盈步微月。是谁招此断肠魂，种作寒花寄愁绝。含香体素欲倾城，山矾是弟梅是兄。坐对真成被花恼，出门一笑大江横。"宋代杨万里写《水仙花》一诗："额间拂煞御袍黄，衣上偷将月姊香。待倩春风作媒妁，西湖嫁与水仙王。"清代康熙皇帝是这样赞美水仙花的："翠帔缃冠白玉珂，清姿终不污泥沙。骚人空前吟芳芷，未识凌波第一花。""冰雪为肌玉炼颜，亭亭玉立貌姑山。群花只在轩窗外，那得移来几案间。"

 灿烂的太阳花——向日葵

向日葵在世界各地均有种植，而且是俄罗斯、秘鲁和玻利维亚三国的国花。向日葵为菊科向日葵属一年生草本植物，植株高在 2m 左右，可以在各种土壤环境中生长。向日葵的种子叫作葵花子，炒熟的葵花子是人们喜爱的日常小零食。

向日葵花犹如太阳，放射出金灿灿的光芒，极具观赏价值，原产于北美洲和墨西哥北部，在我国的花卉养植史上已有 300 多年的历史。

（1）自然形态

早晨太阳从东边升起的时候，向日葵的花朝向东边；中午太阳居于天空的正中时，向日葵的花抬头直面天空；傍晚，太阳下山时，向日葵的花也随着夕阳转向西边。

（2）文化特征

向日葵的花语是"爱慕"。向日葵因为金灿灿的花盘和它的向阳性，得到古今中外的文人和画家的喜爱。明代的钱士升有《秋葵》一诗："太阳岂是曾私照，何独此花感旧恩。日暮西风惨淡里，依依犹欲送黄昏。"现代著名文学家郭沫若也有一首咏向日葵的诗："我们当然没有牡丹那样高华。但和死不了一样是到处开花。老百姓们谁个不知道向日葵？我们向着太阳，也向着农家……"荷兰著名画家梵·高画有一幅名为《向日葵》的油画，世界闻名，价值连城。

"天神之花"——曼陀罗

曼陀罗在全国各地都有栽种，它是茄科曼陀罗属一年生草本植物，植株的高度在1m左右，花期在夏秋两季。曼陀罗的适应性强，喜欢温暖湿润的环境，它的种子有自然的繁衍能力。

曼陀罗的植株高大，花大似喇叭，素洁清雅，极具观赏价值。

（1）自然形态

常见的曼陀罗的观赏品种有白花曼陀罗、红花曼陀罗和大花曼陀罗等。曼陀罗茎是绿色的，叶片碧绿，似茄叶。8月的时候曼陀罗开花，花为6瓣，像牵牛花一般大，早晨开花，夜晚闭合。

（2）文化特征

道教有这种说法，天空北斗上有一曼陀罗星使者，手中就是拿着此花，所以取名为曼陀罗花。因为与宗教有关，所以曼陀罗又有"天神之花"的美誉。宋代诗人陈与义写有一首赞美曼陀罗花的诗："我圃殊不俗，翠蕤敷玉房。秋风不敢吹，谓是天上香。烟迷金钱梦，露醉木蕖妆。同时不同调，晓月照低昂。"

219

 会跳舞的花——虞美人

虞美人是罂粟科罂粟属一年生草本植物，植株高度在40～80cm，花期在5—6月。虞美人的同属植物有100种，我国大约有7种。虞美人与罂粟花不仅花朵相似，而且结的蒴果也长得极其相像，

但虞美人不含有鸦片酊。虞美人喜温暖、阳光充足、肥沃的沙质土壤，有较强的耐寒能力。

虞美人有优美的姿态，多彩的花色，具有很高的观赏价值。

（1）自然形态

虞美人的花是圆形，有各种的颜色。它还是一种会跳舞的花卉，当虞美人受到外界的声音和光照的刺激时，它的叶片就会舞动起来，像是在"跳舞"，所以给它取名为虞美人。虞美人不仅是在有声音的条件下会"跳舞"，而且在白天有较强光照的情况下，虞美人也会跳舞。

（2）文化特征

据传，虞美人是项羽的爱妾虞姬的化身，传说虞姬殉情后，血流过的地方长出了这种鲜红色的花，于是，人们称它为虞美人。古代的文人墨客也喜欢作诗赞颂它，如宋代易士达有一首咏虞美人的诗："霸业将衰汉业兴，佳人玉帐醉难醒。可怜血染原头草，直至如今舞不停。"清代的吴嘉纪也写有赞美虞美人的诗《虞美人花》："楚汉今俱没，君坟草尚存。几枝亡国恨，千载美人魂。影弱还如舞，花娇欲有言。年年持此意，以报项家恩。"

🌸 游子的情怀——忘忧草（萱草）

忘忧草又称萱草，我国是世界上萱草种类最多的国家。我国的萱草主要栽种在东北、西北和秦岭以南的地区。萱草为百合科萱草属多年生宿根草本植物，植株可以达到1m，花期在6—7月。萱草的生命力和适应性都比较强，喜欢阳光和温暖的气候，有较强的耐寒和耐旱能力。

萱草的花色鲜艳，开花的初夏，更显光彩照人，极具观赏价值，在我国的花卉养植史上有3000多年的历史。

（1）自然形态

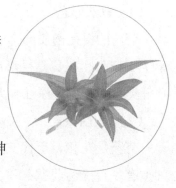

萱草的叶片长而且像蒜的叶片，四季都是青翠的；五月开花，早晨开放，傍晚凋谢，每个花葶有几朵或十几朵花；花有红、黄、紫3色。现在有一种大花种的萱草，色彩更为艳丽，使人心旷神怡、流连忘返。

（2）文化特征

萱草有可以使人忘忧的传说，所以又名忘忧草。古人认为萱草的本质是君子的特性。萱草又是象征母亲的，历来都是诗人喜欢作诗的题材。如唐代白居易有一首《酬梦得比萱草见赠》："杜康能散闷，萱草解忘忧。借问萱逢杜，何如白见刘。"宋代苏东坡写有一首赞美萱草的诗："萱草虽微花，孤秀能自拔。亭亭乱叶中，一一劳心插。"宋代大儒朱熹有《萱草》一诗："春条拥深翠，夏花明夕阴。北堂罕悴物，独尔澹冲襟。"

221

🌸 被称为"花相"的芍药

芍药原产于我国，以江苏扬州、安徽亳州和山东菏泽的芍药为佳，以扬州的芍药为最有名，有"扬州芍药甲天下"的说法。芍药被称为"花相"，古书记载："今群芳中牡丹品评为第一，芍药第二，故世谓牡丹花为花王，芍药为花相。"外国人则把芍药当作是"花中皇后"。芍药是毛茛科芍药属多年生宿根草本花卉，花期在5月。

芍药花美味香，极具观赏价值，在我国的花卉养植史上有3000年的历史。

（1）自然形态

芍药的根是肉质的，茎簇生，植株高约1m；叶片呈椭圆形；花单生于枝头；花蕾是桃形的；花朵有千瓣、多瓣、单瓣、冠子、平顶等类型。花色有深红、大红、粉红、紫色、白色和浅黄等颜色。

（2）文化特征

芍药是花相，历代文人都喜欢以它为题作诗赞美芍药。如唐代韩愈有一首《芍药歌》："丈人庭中开好花，更无凡木争春华。翠茎红蕊天力与，此恩不属黄钟家。温馨熟美鲜香起，似笑无言习君子。霜刀翦汝天女劳，何事低头学桃李。娇痴婢子无灵性，竟挽春衫来此并。俗将双颊一晒红，绿窗磨遍青铜镜。一尊春酒甘若饴，丈人此乐无人知。花前醉倒歌者谁，楚狂小子韩退之。"另外，古时的人们以芍药作为离别时的赠品，所以芍药又名将离、离草。《诗经》中有记载："维士与女，伊其相谑，赠之以勺药(即芍药)。"可见，2000多年前的人们已经以芍药作为礼品赠送给即将分离的情人了。

感人至深的相思花——秋海棠

秋海棠原产于亚洲，中国和日本栽种得比较多。秋海棠是秋海棠科秋海棠属多年生草本植物。清代的《广群芳谱》记载："（秋海棠）性好阴恶日，一见日则瘁，喜净而恶粪。"秋海棠的耐寒性较差，冬季时要注意保温过冬。

秋海棠是秋天里的最娇贵的花，花娇柔，叶片青翠小巧，极具观赏价值，在我国的花卉养植史上有较长的历史，大约有1000年了。

（1）自然形态

秋海棠是秋天里的名贵花卉，叶片的正

面是碧绿色的，背面则带有红色的；花色浅红，以黄白色相间者最为名贵。秋海棠花姿优美，花形小巧玲珑，可爱迷人。

（2）文化特征

民间传说秋海棠是一位思夫的少妇盼夫归时，洒落泪水在地上生长出的花，所以它有"相思花""断肠花"的别名。秋海棠被世界各国的人民所喜爱，人们把它当作美德的象征。许多国家都举办了赏秋海棠的展览。如英国每年秋季都有秋海棠展览；比利时每年夏季都要办秋海棠花市。秋海棠的花姿优美高雅，惹人怜爱，许多诗人学者都写诗赞美秋海棠。清代朱受新有一首《白秋海棠》的诗："清秋湛露挹琼芳，素影风摇五砌旁。夜静看花人独立，水晶帘外月如霜。"近代女杰秋瑾写有一首赞美秋海棠与秋风搏斗、在万木萧疏的秋季开花的美好情操的诗："栽植恩深雨露同，一丛浅淡一丛浓。平生不借春光力，几度开来斗晚风？"

223

荷花的姊妹花——睡莲

睡莲在全世界一共有40多种，常见的品种有白睡莲、黄睡莲、蓝睡莲和红睡莲等。我国有较长的栽种睡莲的历史，唐代作品《酉阳杂俎》记载："南海有睡莲，夜则花低入水。"睡莲是睡莲科睡莲属多年生水生草本植物。要求含腐殖质丰富的黏性土壤。

睡莲的花和叶片都有较好的观赏价值，我国汉代就有人在私家花园中栽种睡莲以供观赏，睡莲还有一定的文化意义。

（1）自然形态

睡莲的叶片呈圆形或是卵状的椭圆形，呈浓绿色；花朵大，花色多种，有白、红和黄等颜色，独生于细长的花柄顶端，盈盈秀丽，婀娜多姿。睡莲白天开花、夜间闭合，有"睡美人"的美称；又因为睡莲生长在水中，长得美丽婀娜，所以又得名"水中的女神"的雅号。

（2）文化特征

睡莲姿态优美，秀丽婀娜，得到很多国家的人民喜爱，有些国家还把睡莲当成是国花，如埃及、孟加拉国。泰国人认为睡莲可以给他们带来团结、和平和幸福；古希腊和古罗马最初把睡莲当成女神供奉；古埃及的人民则把睡莲奉为神明之花，睡莲早晨开花，夜晚闭合的特性，以及它的放射性地开花，让古埃及人民把它当成了太阳的象征，在举行盛大仪式时摆放睡莲。

难得一见的"月下美人"——昙花

昙花原产于南美洲的热带森林中，喜欢温暖湿润的生长环境，要求腐殖质丰富的沙质土壤。昙花是仙人掌科昙花属植物，呈灌木状，植株高度在 2~3m。花期在 7—8 月。昙花的繁殖方法多用扦插法。

昙花开放时香味四散，光彩夺目，极具观赏价值。

（1）自然形态：昙花的植株较奇特，枝叶翠绿，分枝呈扁平状；开花时花朵会轻轻舞动，姿态迷人。昙花是在茎叶边缘腋部长出花朵，花姿优美，呈漏斗状，花的中间有一条白色的花柱，花色为乳白色，淡雅素洁。花香浓郁，四处飘散。昙花开花时的情景很是壮观，可以在居室里盆栽昙花。

（2）文化特征：昙花一般是在晚上开花。因为昙花原产于墨西哥、巴西的

热带森林中，那里的气候很干燥，日夜温差很大，白天高温，午夜后的温度则很低。昙花是不宜暴晒的花卉，为了避免白天的强烈阳光照射，它只好在晚上开花，而且开花的时间较短。在中国，有一句成语叫"昙花一现"。因为昙花开放的时间只有 2~3 小时，而且是在夜深人静的夜晚开花，比较少有人可以看见。我国古代的人们根据昙花的这一现象，创造了这个成语，比喻稀有的事物出现的时间很短。

梅花的姊妹花——蜡梅

蜡梅原产于中国的四川、湖北和陕西等地，现在全国各地均有栽种，以河南鄢陵县的蜡梅最为出名，有"鄢陵蜡梅冠天下"的说法。主要品种有：素心蜡梅、馨口蜡梅、红心蜡梅和小花蜡梅等。蜡梅是蜡梅科蜡梅属落叶灌木。

蜡梅严冬时开花，具有较好的观赏价值，在我国的花卉养植史上有悠久的历史。

（1）自然形态

蜡梅的开花时间与梅花的开花时间相同，都是在农历腊月，花姿和花香都与梅花极其相像。蜡梅冬季开花，先开花后长叶，花瓣的外层是黄色，内层则是暗紫色，花瓣犹如用蜡做成的，晶莹闪亮；花香浓郁，迷人。可以在居室里盆栽蜡梅，或是以它为材料制作插花。

（2）文化特征

蜡梅开花在冬季，有傲冬御寒的勇气。蜡梅的花黄色且芳香，很受人们的喜爱，诗人们也喜欢作诗赞美蜡梅。如宋代诗人晁无咎

225

有一首拟人喻蜡梅的诗："去年不见蜡梅开，准拟新年恰恰来。芳菲意浅姿容淡，忆得素儿如此梅。"宋代著名诗人杨万里也有一首《蜡梅》："天向梅梢别出奇，国香未许世代知。殷勤滴蜡缄封却，偷被霜风折一枝。"

芳香与洁白的象征——茉莉花

茉莉原产于亚洲南部，是热带花卉，喜欢温暖湿润的环境，耐寒力较差，不能在−2℃的低温下生长。茉莉为木樨科茉莉花属常绿小灌木，我国南方可以在庭院里栽种茉莉，北方则适宜盆栽。

茉莉的植株小巧玲珑，花叶都有较高的观赏价值，茉莉花是在汉代时传入中国。

（1）自然形态

茉莉的植株一般较矮小，有些植株的高度不到 1m。茉莉的叶片呈卵形，像是杏叶；茉莉的花期较长，从夏季开到秋季，而且在夜间开花，花有很浓郁的芳香，花色洁白。

（2）文化特征

很多人喜欢茉莉花，特别是菲律宾人，把茉莉花当作国花。在菲律宾，每年都要举行"山吉巴达"节（菲律宾语，茉莉花又叫"山吉巴达"）。这天，菲律宾的青年们会用茉莉花做成礼物赠送给心爱

的姑娘，以表达自己的爱慕之情。女孩子则戴上茉莉花做的花环，唱歌跳舞。

我国人民因为茉莉花有浓郁的香味，美妙的花姿，而深深地喜爱它，诗人们则写下动人的诗篇赞扬茉莉花。如清代陈学洙也有一首《茉莉》："玉骨冰肌耐暑天，移根远自过江船。山塘日日

花成市，园客家家雪满田。新浴最宜纤手摘，半开偏得美人怜。银床梦醒香何处，只在钗横鬓簟边。"

洁白美艳的琼花

琼花原产于中国，喜欢温度低而湿润、土壤酸性的环境。琼花是忍冬科半常绿灌木。花期在4月。琼花的繁殖方法是播种繁殖。琼花的姿态优美，花似蝴蝶，惹人喜爱，有较高的观赏价值。

（1）自然形态

琼花在夏季开花，花朵大，花瓣厚，花香清雅，花色雪白。整个花序边缘的白花是不孕的花，中心乳白色的花则是可孕的。叶片柔软而且晶莹透亮。

（2）文化特征

我国古代的人们把琼花当作是洁身自爱，不畏权贵的烈女花。有一古诗是这样赞美琼花："名擅无双气色雄，忍将一死报东风。他年我若修花史，合传琼花烈女中。"宋代著名诗人秦观也有一首《次韵莘子骏琼花》诗："无双亭上传觞处，最惜人归月上时。相见异乡心欲绝，可怜花与月应知。"

227

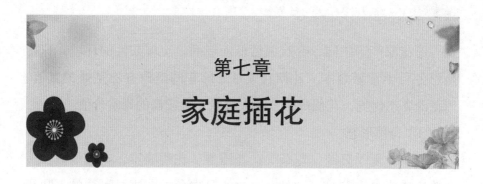

第七章

家庭插花

切花保鲜技术

鲜切花一方面用作馈赠礼品，另一方面用于家庭、办公场所装饰，为美化环境增添光彩。但切花离开母体后不久即陆续凋谢，人们希望能延长切花的寿命，以便增加观赏期，为满足广大读者需求，现将切花保鲜知识与方法简介如下。

1. 切花凋谢的原因

引起鲜切花凋谢的主要原因，大体有以下 3 个方面：

第一，花卉采收后，花枝脱离了植株，原来由根部吸收供给的水分来源断绝，但这时花朵和叶面的水分蒸腾仍在继续进行，因此造成水分供不应求，其生命活动只能靠本身储藏的水分维持一段时间（一般花卉为 3~5 天）。由于缺水，体内水分平衡遭到破坏，引起生理代谢活动失调，花朵就会很快萎蔫凋谢。这是引起切花凋谢的一个重要原因。

与此同时，由于花枝切离植株后失去了有机营养物质的供应，仅靠自身所含的有限营养物质维持生命活动，这时因营养物质不足，破坏了体内水分与养分的代谢平衡，如不及时补充水分和营养物质，则花朵很快就会凋萎。

第二，随着鲜切花花朵的开放过程，体内逐渐产生一种名叫乙烯的物质，这种物质是一类催熟剂，它能加速花朵衰老，缩短鲜花的寿命。国内外大量的实验证明，切花体内生成的乙烯物质是导致切花早衰的内因。

第三，花枝切取后由于其基部切口常易滋生大量微生物，这些微生物的繁殖体及其代谢产物侵入导管内，就会直接堵塞导管，影响水分和养分的吸收，这也是造成切花衰退的一个原因。

229

2. 延长切花寿命的方法

切花鲜嫩娇美，人们总希望"好花常开"，延长它的观赏时间，可以采用如下保鲜措施，延长其寿命。

（1）对花枝进行适当处理

对于枝条较柔软的草本花卉，如唐菖蒲、大丽花、菊花等的枝条，将其基部用纸包住切口，浸入80℃热水中，经2~3分钟取出再插入瓶中，这样可起到梗死切口的作用，防止花枝组织中的汁液外溢，从而延长花期；对于梅花、蜡梅、月季、玫瑰、牡丹、杜鹃等木本花枝，将其末端放在蜡烛火焰上烧焦，然后再将烧焦的

部分剪去一些，再放入酒精溶液中浸泡约1分钟，取出后放入清水中漂洗干净，最后插入瓶中，这样既可避免花枝的输导组织被堵塞而妨碍吸水，又可防止浸在水中的枝条剪口被细菌感染，使花朵不断得到水分供应，从而起到保鲜作用。此外，对于含汁液多的一些木本花枝，如一品红等，也可采用上述方法处理。

（2）养护要得法

插花在养护过程中注意以下几个问题，即可延长鲜切花寿命：

1）选用清洁的容器：切忌使用带有油腻的器具。

2）合理用水：插花时宜选用清洁、接近室温的软水（河水、塘水等）。若用自来水，需先放缸（桶）内存放1天后再用。同时要注意经常换水，一般夏季宜每天换1次水，春秋季宜每2~3天换1次水，冬季宜4~5天换1次水。为防止水变质，炎夏季节可向瓶中投放几小块木炭或少量食盐等防腐，每次换水时都要注意将花枝基部剪去约2cm长，重新更替切口，以利花枝吸水，延长切花寿命。

3）保持空气湿润：室内空气湿润，有利保持花材的新鲜。在没有加湿器的情况下，夏季约每隔1天，春秋季每隔2天，冬季每隔2~3天，要向花枝上喷1次清水，同时还要注意保持室内空气新鲜流通。

4）插花摆放位置要得当：在插花养护期间不能将其放置在阳光直射地方，也不宜放在窗口和暖气、火炉以及电炉附近，以免风吹日晒或受热，否则会加速花材的呼吸作用和水分的蒸腾，导致花朵凋萎早谢。最好将其放在具有散射光而且空气流通，温度又较低的地方。同时也不能将插花摆放在成熟水果附近，因为水果在后熟作用中会释放出乙烯气体，而切花只要遇到少量乙烯，就会过早凋谢，缩短寿命，故一定要远离水果。

5）使用具有保鲜效果的物质：如在500g水中放入碾成粉末状的阿司匹林半片，或用4000倍高锰酸钾溶液，对多种花卉来说，均可延长观花期 3 ~ 5 天。又如取洗洁精少许，配成 2% ~ 4% 浓度的溶液，将花枝基部迅速插入该溶液中，一般可延长鲜花寿命 1 ~ 2 倍时间，这种溶液对一两年生草花的效果尤为明显。此外，有资料介绍，在瓶中加入 0.05% 硼酸或硫黄、水杨酸、维生素等，都能延长花枝的保鲜时间。还有资料介绍，在花瓶中滴入几滴用过的胶片定影液，也能起到延长花期的作用。

插花的器皿

插花要置放于一定的器皿中，如花篮、花瓶或是花盆。这些器皿可以承载插花，给插花提供一定的水分。造型优美的插花器皿还可以衬托插花。插花专用的器皿有很多，品种不一，款式精美，色彩丰富，做工精细。

1. 木制插花器皿

这类插花的器皿可以摆放在简朴、传统风格的居室内。它主要由竹子、藤条或是树木制成的 3 种类型。这些插花器皿具有轻盈美观、易加工等特点；有较浓的自然风味，可以给插花增添自然美。用这类插花器皿时要注意两点：一是如使用竹藤制作的器皿，要在花器里装一小水盆，以方便花泥和水的储置；二是插花要尽量选用小巧轻盈的花材，因为这样的花材才能与质地轻盈的插花器皿相协调。

231

2. 玻璃制作的插花器皿

以玻璃为材料制作的插花器皿一般都是做成玻璃花瓶，这种花瓶很受人们的喜爱，因为它工艺精细，样式多样且美观，有现代化的时尚风格。这类插花的器皿可以摆放在现代化风格的居室内。玻璃花瓶一般分为透明的、磨砂的和水晶刻花几类。插花一般用的是前两类，因为水晶刻花的玻璃花瓶，艺术性比较高，单独放置已经具有很高的观赏价值，不需要插花的衬托，而且这种花瓶的价格比较昂贵。选用玻璃花瓶时，要注意选取瓶口较大、瓶身较深的花瓶。因为这样的花瓶装水量比较大，利于插花的保鲜、插花的通风透气和插花的造型设计。

3. 陶瓷制作的插花器皿

这类插花器皿可以摆放在具有传统风格的家居内。陶瓷制作的花瓶具有传统风味，造型一般都比较古朴典雅。既可以摆放在居室内作器饰，也可以用于插花。

4. 金属制作的插花器皿

这些花瓶多用于插放干花，主要有中国的景泰蓝，南亚风格的锡器、铜器等。

插花的工具

插花所需用的工具较简单，有剪刀、花插或花泥、细线或细铅丝、大头针等。

1. 剪刀

家庭常用剪刀或养花专用的板剪都可以用来修整枝叶或花。

2. 花插

水盆式插花时常用针状花插或花泥固定花板，花插有圆形、方形及长方形，大小规格均有，花鸟商店有售。其下部是平底的重金属块，上面密饰许多金属针，在水中不会生锈。花泥为多孔性的，具有许多毛细管，花枝插入后便于吸水，也可起固定作用。

3. 铅丝或细线

当所用花枝较短时可用铅丝或细线接长花枝，可把一截小枝接在花枝上，用细线或铅丝绑扎。当一些花枝较柔软不能按理想造型时，可用铅丝缠绕于花枝上，再按需要弯曲整形后，插于瓶或盆中。

4. 大头针或订书针

有些叶片或枝条为了造型的需要，将其弯曲后可用大头针或订书针固定。

233

5. 小篮或小盒

盛放上述所需工具以及小的竹签等零星物品，便于取用。

中国传统插花的特点

中国传统插花有以下几方面的特点：

1. 线条造型

中国插花艺术以自然式线条型为主，可以说线为中国插花造型之骨。线的表现力极为丰富，不同线条表现不同形神：有的柔美，有的刚劲；有的纤细，有的粗犷；有的秀雅，有的苍古。插花艺术利用自然界千姿百态的花木枝叶，通过其线条长短、粗细、曲直顿挫、强弱相柔、虚实疏密，勾画出不同造型，塑造出了一幅幅多姿多态的艺术插花作品。

2. 讲究意境

插花要讲究意境，如同中国画使人看了"画尽意在"。它是作者主观意志与客观景物相融合的艺术形式，即通过作者想象、联想和幻想来完成形象思维过程。所以，艺术插花不是自然形象的简单重复，也不是做花卉模型，而是要将意与境、形与神、景和情交融在一起。因此，每件艺术作品由立意和立形两个方面组成。

诚然，艺术插花的创作活动，由于受到空间范围和自然材料的局限，在意境表达上不能像绘画那样丰富、自如。同时，在插花艺术构思立意中，同样也采用了中国画借物寓意的手法，如以松表现高洁、长青、刚强等；以竹表现刚直、清高、平安等；以梅表现坚骨、孤傲、迎春等；以荷表现一尘不染、洁身自好等；以兰表现脱俗清雅、与世无争等。

3. 崇尚自然

中国插花以自然式为主。在艺术手段上，以装饰美反映自然美，即按照植物生长的自然姿态，通过曲、直线条的组合，表现诗情画意，源于自然而又高于自然，各种花木虽然经过剪裁加工和艺术装饰，仍不失其自然风姿。

由于中国式插花讲究自然，因此构图上多数采用不对称均衡手法，避免机械对称。植物材料注意表现单体姿态，即每朵花、每根枝条、每片叶片都要在作品中得到展示。因此，对中国插花而言，在一件作品中，植物品种、用材数量、色彩变化均宜少不宜多。中国插花在取材上，花、枝、叶、果、藤等均可使用；就花而言，未绽的花蕾、半开的花苞、盛开的花朵并用，以此来表现植物生命过程的变化。

插花材料的选择及处理

随着观念和科学技术的发展，插花使用的装饰材料越来越多。然而，植物材料依然是插花的主要内容。按其观赏部分可分观花、观叶、观果、观茎等类，如牡丹观赏其艳丽的花朵，观叶植物主要欣赏它的叶形和叶色。

1. 选择花材

季节变化能够告诉我们花的盛衰，花卉的最佳观赏期也是在季节的变化中体现的。春季可供选择的花木很多，如迎春、玉兰、桃花、樱花、丁香、杜鹃花、鸢尾、芍药、郁金香、紫罗兰等。夏季可用的花卉有荷花、睡莲、夜来香、菖兰、大丽花、扶郎花、百合花等；秋季可用桂花、木香、月季、红枫、菊花、石榴、柑橘等。冬季应选用康乃馨、一品红、蜡梅、山茶、银柳、水仙、南天竹、火棘等。

2. 花材处理

选枝、修枝、弯枝是插花的基本技能。插花时，先要对剪取下来的枝叶观察、琢磨，再动刀剪裁，修去多余的侧枝、小枝、杂叶等。若经过修剪的枝条其弯曲仍不尽如人意，可进行人工弯曲。硬枝弯曲时，两手拿着枝条，手臂贴着身体，然后慢慢用力向下弯曲，再不行可用刀先切割需弯曲部位的背面，然后再慢慢用力向下弯曲。草本枝条用揉弯法，即在需要弯曲的花梗和叶柄处，用手慢慢揉擦，直至弯曲。这些方法一般用于含水量高的花茎或叶柄，如马蹄莲、水仙花、文殊兰、睡莲、非洲菊等。此外，还有一卷弯法，如同蛋卷的手法，一般用于扁平长叶，如箬叶、丝带草、鸢尾叶、菖兰叶、野鸡毛山草、水仙花等。揿弯法，即用拇指、示指、中指捏住需弯曲部位，慢慢揿弯，银柳、月季、香石竹、菊花等均用此法。勾弯法，即借助铁丝小钩，把两端钩住呈圆弧形，如苏铁叶、黄馨、丝带草等。

🌸 插花的构图形式

　　插花构图的基本规律是多样的统一和不对称的均衡。从事插花创作，既要掌握植物的生长规律和特性，又要掌握一般艺术创作的规律。由于插花材料极其丰富，自然界千姿百态的花、枝、果、叶为插花创造了多样变化的条件，但变化要在统一前提下进行。中国式插花以自然式为主，一般采用不对称的均衡手法，避免机械的对称，按照植物生长的自然姿态通过各种曲线和直线表现诗情画意。中国式插花每一件作品中植物品种、用材数量、色彩变化宜少不宜

多，使每朵花、每根枝条、每片叶片的姿态在作品中得到充分表现。

　　插花构图最常用的形式是不等边三角形图法。一般自然式插花以3根花枝为主要的材料来表现主题，顶端3点相连构成不等边三角形，作为作品的骨架。其一枝长度为盆长1.5~2倍的花枝为主干，插在花插或花泥

中央；一枝长度相当于主干 2/3 的花枝为次干，微斜插在主干右方；一枝长度相当于主干 1/3 的花枝为从干，斜插于主干的左右。由此构成一幅作品的基本骨架，其余花朵或枝叶在这 3 枝花的高度和宽度内添补。这样，一件插花作品的构图就初步完成了。

插花构图形式有直立型、倾斜型、悬崖型等。直立型是插花第一枝直立，第二、第三枝分别向一侧倾斜，主干直立给人以端庄、娴静的感觉。倾斜型是第一主枝（主干）向一侧倾斜，主干倾斜有运动感，给人以潇洒、轻快感觉，第二花枝（次干）向另一侧倾斜，第三主枝下垂或外倾，给人以活泼大胆的感觉。悬崖型又称下垂型，悬崖型插花第一枝长度约为瓶身的高加宽的 1.5 倍，第二枝约为第一枝的 2/3，第三枝约为第一枝的 1/3，心枝的长度约在第二枝和第三枝的中间值。

插花配置的要领

1. 插花配制 6 法

（1）高低错落

花朵的位置要高低前后错开，切忌在同一横线或直线上。

（2）疏密有致

每朵花、每片叶都具有观赏效果和构图效果，过密显繁杂，过疏显空荡。

（3）虚实结合

花为实，叶为虚，有花无叶欠陪衬，有叶无花缺实体。

（4）仰俯呼应

上下左右的花朵、枝叶要围绕中心顾盼呼应，既反映作品整体性，又保持作品均衡感。

（5）上轻下重

花苞在上，盛花在下；浅色在上，深色在下。显得均衡自然。

（6）上散下聚

花朵枝叶基部聚拢似同生一根，上部疏散多姿多态。

掌握以上6法，能使插花造型既有韵律又稳定，在动势中取得平衡，在装饰中取得自然。

2. 插花艺术配置原则

（1）韵律变化原则

其就是利用不同花卉种类、色彩、花形，花朵大小、高低、开放程度的差异，以及枝条横斜的变化来增加作品画面的韵律，同时使这些变化符合客观规律和艺术构图要求，才能产生真实感，达到预期效果。如梅、杏的插花可取其苍劲虬曲的特点，将其横插或斜插入陶瓷古瓶中就别具一格，而水仙、鸢尾具有挺拔、亭亭玉立姿态，将其直插在浅水盆中富有诗意。

（2）均衡配置原则

主要处理好轻与重的关系。在插花中，一般给人感觉"重"的花，即高大、量多、色彩浓的花插在中下方，以其为主，并起到稳定的作用；给人以"轻"感觉的花，即色浅、清雅、纤细、小巧、量少的花和叶插在四周作陪衬，能起到均衡作用。

（3）注意调和原则

不仅要求插花材料的大小、形态相协调，还要注意插花颜色与容器及环境用具的颜色相调和，与周围气氛相协调。

家庭插花的常见形式

插花方式一般有花瓶式、野趣式、盆景式。

1. 花瓶式插花

也称瓶花，就是剪下适时的花枝或配上红果绿叶插于花瓶。常见的形式有：用1～2枝蜡梅花单插或配以红果累累的南天竹或数枝红色圣诞花，花黄果红叶绿，为新年增添吉祥如意和欢乐的气氛。剪取红梅、绿梅、白梅花枝，用高大花瓶单插，有苍劲古朴之感。春天，桃、李、樱花、海棠等争妍斗艳，剪取几株插入瓶内，使人顿感万物繁荣。秋天菊花色彩缤纷，大株插入大瓶中，小菊插入小瓶中，花叶相映，显示五谷丰登的欢乐景象。此外，月季、香石竹、唐菖蒲、晚香玉、圣诞花、文竹以及鲜艳草花，都是十分理想的瓶插花卉。

2. 野趣式插花

以自然野草、野花为材料，打破一般繁华艳丽的传统插花手法，使其变得自由、清丽、脱俗，富有生机。在小型居室，利用生活中盆、碗、杯、烟灰缸、酒瓶等容器盛花装饰。小型插花材料、小型的插花器皿跟小的居室相配，也可为家庭增添和谐气氛。

3. 盆景式插花

将花、叶、果配置后插入浅盆，可以配以山石、亭子，用清水供养，将大自然美景缩在盆盎之中，使人浮想联翩。常用组合有：以梅花为主体，配以松枝、翠竹，组合成"岁寒三友"，潇洒庄严。将水仙花栽于清水瓶内，下铺卵石，犹如精美艺术品。带上红果穗的万年青插入水盆中示吉祥如意。花挺色艳的扶郎花，配上几片绿叶，富有诗意。此外，栀子花、银柳等插入浅盆，也别有情趣。

盆式插花和瓶式插花的特点

盆插是插花的一种形式，它生动活泼，优美和谐，各种场合均可使用。插花用盆的形状有圆、方、长方、荷花等，盆不宜深，过深会显得笨拙和比例失调；色彩以淡雅朴素为佳，色彩浓重会显得喧宾夺主。盆和所用的花色彩上要有对比，又要统一协调，白盆插白花及红盆插红花都不会有良好的效果。

插花时，花枝要固定在用铜钉或铅浇铸成的插座上（又称作剑山），插座有方、圆、月牙形、五角星、菱形等形状，也有大小不同的规格。按花枝多少选用大小不同规格的插座。木本花卉枝条坚硬，可将枝条末端纵切几刀再插；花枝较细的草本可将细长枝先插进一段粗的草本植物茎上，然后一起固定到花插上。万年青、兰花叶、山草、箬叶等叶不容易固定，可将叶的基部用细铅丝扎上一段草本植物的花梗，连花枝一起插到花插上固定。

盆式插花有规则式、自然式、盆景式等几种形式。规则式是将花插成一定几何形体，如球形、扇形、金字塔形等，外形雄伟端庄、气派非凡。自然式则花枝高低起伏、疏密聚散、错落有致，还有一些绿叶陪衬，构图自然活泼。盆景式是仿照自然风景的一角加以概括、提炼，在盆中表现出来，其意境深远，虽一花一叶也能表现满园春色。

木本花枝在剪取时以虬曲多变为好，根据造型适当剪去侧枝，每一花枝要清洗，剥去黄叶、焦瓣，使插花材料整洁，富有生机。

自然式插花要讲究比例，一般以3根花枝为主体，这3根花枝顶端形成不等边三角形，最高主枝其长度应是盆直径加高度的1.5倍左右，第二根次枝长度应是主枝的2/3，第三根次枝长度应是主枝的 1/3，其余的插花材料均在这 3 根长枝构成的不等边三角形周围，添加合适即可。插花材料讲究主次，主枝的材料、花的直径及花形要占绝对优势，其他枝叶作为陪衬。

瓶插不需要插座，使用方便，但受到瓶口限制，其表现形式不如盆式插花广泛。瓶式插花要注意以下几点：

①选材：瓶插是花卉枝条、花、果、叶和瓶相协调的一个整体。选择木本枝条的自然美作为线条，枝条要经过修剪，控制疏密，宜选一种长的材料作为主题，而其他材料作为陪衬。选择的花形应包括花蕾、盛开的花、半盛开的花，以显示自然而有动感。叶片能衬托花，又能填补空间，但忌过密。瓶的造型、质地、色彩要和插花材料相协调。

②高度：一般计算香石竹、月季、菊花、非洲菊等高度是指花托以下的部位；菖兰、晚香玉等是指花梗上花朵露色以下的部位；四面观赏的瓶插花，其插花高度以不超过瓶口直径加瓶高度的 1 倍为宜；单面观赏的插花高度应是瓶口直径加瓶高度 1.5 ~ 2 倍。此外，可根据花瓶造型和空间位置调整插花的高度。

③蓬径：指花枝横向伸展的范围，即通过瓶直径的两个端点之间的距离。一般大于瓶身最大部分的 3 倍左右。

④层次与重心：一般掌握左高右低或右高左低，还要注意前后层次，在瓶口上方一般选择起重心作用的花卉位置。

花枝的整理和固定

花枝剪下后，为减少水分和营养的消耗，除必要的花朵和少数叶片之外，要将多余的花、蕾、枝、叶剪去。根据所插容器的大小、形状以及插花的造型，决定每根花枝的长短，并清理叶面的污物、灰尘。然后将它们的基部浸在盛水的容器中，或摊在干净的塑料布或温毛巾上，洒些清水保湿待插。

插花的容器如果是体深而口较小的，则花较易按我们所需要的姿态固定。如果是直筒形、喇叭口形、球形且口较大的容器，插花固定时可采用下列方法：

1）木本粗枝可将基部劈开，横夹一段小枝或小石块。

2）有一定韧性的花枝可将下部枝条折曲再插入容器中。

3）在容器口设置井字形或十字形插架，也可用竹签或装饮料用的塑料瓶、杯做成此支架置于容器口，目的是缩小容器口，便于固定花枝，符合插花造型的要求。

4）在浅皿如碗、盆、盘等容器中插花时需用花插或花泥固定。枝条稍粗的可直接插于花插的针座上。如果使用天门冬、文竹等纤细花枝时，可在花插上插一段海芋叶柄或其他较粗壮、疏松的植物茎段，或泡沫塑料、橡皮泥，再将细枝插于此叶柄或塑料块、橡皮泥上面，以便固定并吸水。

延长插花观赏时间的方法

花插好后，如养护得法，可以延长观赏时间，否则很快就会花凋叶萎，令人遗憾。现将有关知识介绍于下：

1. 切花衰老的原因

插花用的切花离开母株后，它代谢所需的营养源被割断，在相同的环境条件下，比留在母株上衰老变质得更快。影响切花采后衰老变质的原因有下列几个方面：

（1）水分失去平衡

鲜花是很娇嫩的器官，如果得不到充足的水分就会萎蔫。只有当其细胞保持一定的膨压，使其保持一定的紧张度，才能维持正常的代谢活动，并保持花的固有形态，这只有在吸水速度大于蒸腾速度时才能获得。如果木质部的导管部分被堵塞，使吸水减少，最终引起缺水而造成切花衰老凋萎。导管的堵塞有以下原因：一是微生物在切花茎的切口部位繁殖而造成堵塞；二是插花用的水不洁，水中的微生物代谢产物被花枝吸收而封闭了木质部导管，干扰水分的吸收，导致切花失水凋萎；三是花茎切口处受伤细胞的分泌物质会引起茎堵塞，这种现象在采后 2~3 天特别明显，先是靠近切口处，然后逐渐向上；四是在植株水分亏缺情况下剪切花枝，空气容易进入木质部导管而妨碍吸水，引起切花凋萎。

（2）缺乏能源物质

切花衰老的另一主要原因是离开母体的切花缺乏生命活动必需的能源——糖，因为切花所带绿叶较少且离体后各种因素都不利于光合作用正常进行，所以糖源越来越少，以致影响正常代谢而使鲜花寿命缩短。

（3）乙烯促进切花衰老

乙烯是植物自身产生的一种内源激素，它是健康的花朵和果实的代谢产物，也可由衰老和受伤的植物组织产生。在低温、低氧条件下乙烯生成较慢。乙醇（即酒精）也能抑制乙烯的合成。

2.延长切花寿命的方法

（1）保证切花导管畅通

1）切花剪取的方法要合理，应适时剪取花枝。有些花枝宜在含苞待放时剪取，如月季、唐菖蒲、郁金香、金鱼草、晚香玉、百合

243

等。菊花、大丽花、百日草等应在盛花初期剪取。山茶、芍药、马蹄莲宜在半开时剪下。寒冷季节则可选用开花盛期的花枝，以免温度低而花蕾不易展开。

切花应在早晨或下午日落后或植物水分含量充足时用锋利的刀具剪取，以免花朵萎蔫。如果从市上购得的鲜花剪后，应立即浸入水中。花插入花瓶前应重新修剪，将有气泡的部分剪去，以免影响吸水。如有条件从整株上剪取时，可将花枝弯入水盆中再剪，使切口立即与水接触而避免空气进入切口面在导管中形成气泡，使切花吸水顺利，以延长观赏时间。

244

2）做好消毒灭菌工作，防止水中微生物繁殖堵住切花导管。首先，花瓶等容器必须清洗干净，可用自来水洗净后再用高锰酸钾稀溶液浸泡消毒。插花用水也要干净，最好用冷开水，也可用自来水。经常换水，平常每天换一次水，夏季每天换两次水。

切花的切口最好也进行消毒，方法：木本花枝可在火上烧一下，特别对一些切割后有乳汁流出的花卉如一品红等应立即将基部烧焦；月季、水仙等切口可浸于75%乙醇中数秒至数十秒；一串红、虞美人等切口可浸入稀盐酸溶液中数秒至数十秒；大丽花、菊花等切口可在0.5%硝酸银溶液中浸5分钟；也可将花枝基部浸入热水中，促使已经进入导管的空气逸出。

换水时如发现切口腐烂或有黏液，则应将这部分剪去以更新切口，利于吸水。

3）对插花用水进行处理。水质对切花寿命有很大影响，在水中可添加防腐剂、酸化剂及沉淀剂，以延长切花寿命。家庭插花可用冷开水，或适当加些盐酸，使水的酸度增加，pH值为3~4的水可延长切花寿命。大丽花在水的pH值从8.9降到2.2时，切花寿命从1.4天增至6.4天，因为强酸性条件可抑制氧化作用，而切口受伤细胞分泌的酚类物质的氧化物可堵塞导管，在强酸性条件下，可克服这种堵塞作用。

另外，在水中加入酒精、抗生素类物质及8-羟基喹啉盐等，也可延长切花寿命。

（2）喷洒高分子膜，可降低蒸腾作用

切花从母株剪下后，立即失去水源，但蒸腾作用继续进行。为减少蒸腾作用，可及时喷洒高分子（醇、蜡）膜，以封闭部分气孔，达到防止缺水、延长切花寿命的目的。

（3）补充能源物质

在水中适当加些食糖，也可延长切花寿命。糖水浓度一般以3%~5%为宜。在室温28℃~30℃条件下用3%糖水，能使翠菊、金鱼草、万寿菊等的保鲜天数分别达到8天、6天、7天。

（4）抑制乙烯的生成，以降低呼吸作用

抑制乙烯的生物合成也是防止切花衰老的关键因素之一。常用的乙烯合成抑制剂有8-羟基喹啉硫酸盐或8-羟基喹啉柠檬酸盐、硫代硫酸银、硝酸银等。家庭切花水养时，可在水中滴入几滴冲过胶卷或洗过照片的定影液，因为这种溶液中含有银盐，它也可以阻止植物体产生乙烯，同时这种溶液是酸性的，利于保鲜。另外，插花容器附近切不可放水果，也不可燃点各种卫生香，因为水果会释放乙烯，而香燃烧放出的烟中也含有乙烯。

（5）切花保鲜剂的应用

康乃馨以硫代硫酸银（1∶4）作保存液效果最好，浸花茎10分钟就能使瓶花寿命从5天增至10天以上。麝香石竹用硫代硫酸银处理20分钟后，再用200mg/kg溶液8–羟基喹啉和1.5%～2%蔗糖溶液处理，可延长寿命4倍。用50～500mg/kg硝酸银和3%蔗糖溶液处理万寿菊和金鱼草切花，可延长时间3～4倍。使用保鲜剂不仅可延长寿命，而且可使花开放彻底，金鱼草的花可一直开到顶部，并可防止万寿菊的花头下垂。

现在市上切花保鲜剂尚少供应，家庭插花可用以下简便的方法：

1）在1L水中加1片阿司匹林药片（事先将其碾成粉末，以便于溶解）和1片维生素C，用此水溶液插花，具有防腐、杀菌作用，并可防止花茎导管堵塞。

2）在1L水中加入10～20mL洗洁精也可延长切花寿命，因为洗洁精含有表面活性剂，能活化水质，杀灭水中的细菌，溶解花茎切口流出的汁液，防止导管被堵，保证花茎吸水通道畅通。用此溶液喷雾于叶片及花瓣表面，可形成一层很薄的膜，减少蒸腾作用，延长鲜花的保鲜时间，此法对一两年生草花效果更好。

3）在1L水中加入0.1～0.5g明矾（如钾明矾、铵明矾），用此水溶液插花也可延长鲜花寿命。

4）在1L水中加入0.25g高锰酸钾，配成残红色溶液，也可使切花保鲜。

5）在1L水中加入30～50g食糖及150mg硼酸或柠檬酸，可延长月季、香石竹、唐菖蒲及芍药的保鲜时间。

6）在1L水中加柠檬酸与维生素C各0.1g、食糖50g，可延长菊花瓶插时间。